全国高校出版社优秀畅销书一等奖

中国高等院校计算机基础教育课程体系规划教材

丛书主编 谭浩强

C++程序设计 题解与上机指导（第3版）

谭浩强 编著

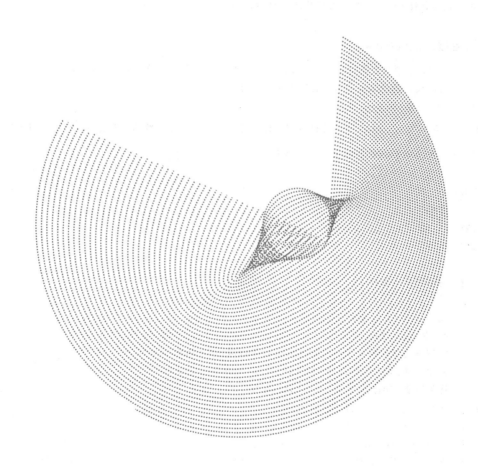

清华大学出版社
北京

内容简介

本书是和作者编著的《C++程序设计(第3版)》(清华大学出版社出版)一书配套使用的参考用书。本书的内容包括3个部分：第1部分是《C++程序设计(第3版)》一书各章中的全部习题和参考解答。第2部分是 C++上机操作指南。在这部分中介绍了在两种典型的环境下运行 C++程序的方法(Visual Studio 2010 和 GCC 在 DOS/Windows 平台上的版本 DJGPP，以及与之配合使用的集成软件开发环境 RHIDE)。第3部分是上机实验指导。在这部分中提出了上机实验的指导思想和上机实验的要求，并设计了14个实验，供教学参考。

本书可作为学习《C++程序设计(第3版)》的辅助用书，也可作为其他初学 C++的读者的参考资料。

本书封面贴有清华大学出版社防伪标签，无标签者不得销售。
版权所有，侵权必究。举报：010-62782989，beiqinquan@tup.tsinghua.edu.cn。

图书在版编目(CIP)数据

C++程序设计题解与上机指导/谭浩强编著. —3版. —北京：清华大学出版社，2015(2022.1重印)
中国高等院校计算机基础教育课程体系规划教材
ISBN 978-7-302-40842-0

Ⅰ.①C… Ⅱ.①谭… Ⅲ.①C语言-程序设计-高等学校-教学参考资料 Ⅳ.①TP312

中国版本图书馆 CIP 数据核字(2015)第 153322 号

责任编辑：张　民
封面设计：傅瑞学
责任校对：白　蕾
责任印制：丛怀宇

出版发行：清华大学出版社
　　　　　网　　址：http://www.tup.com.cn, http://www.wqbook.com
　　　　　地　　址：北京清华大学学研大厦 A 座　　　邮　编：100084
　　　　　社 总 机：010-62770175　　　　　　　　　　邮　购：010-83470235
　　　　　投稿与读者服务：010-62776969, c-service@tup.tsinghua.edu.cn
　　　　　质量反馈：010-62772015, zhiliang@tup.tsinghua.edu.cn
　　　　　课件下载：http://www.tup.com.cn,010-83470236
印 装 者：大厂回族自治县彩虹印刷有限公司
经　　销：全国新华书店
开　　本：185mm×260mm　　　印　张：18　　　字　数：418 千字
版　　次：2005 年 3 月第 1 版　2015 年 8 月第 3 版　印　次：2022 年 1 月第 16 次印刷
定　　价：45.00 元

产品编号：066017-02

PREFACE 序

从 20 世纪 70 年代末、80 年代初开始，我国的高等院校开始面向各个专业的全体大学生开展计算机教育。面向非计算机专业学生的计算机基础教育，牵涉的专业面广、人数众多，影响深远，它将直接影响我国各行各业、各个领域中计算机应用的发展水平。这是一项意义重大而且大有可为的工作，应该引起各方面的充分重视。

20 多年来，全国高等院校计算机基础教育研究会和全国高校从事计算机基础教育的老师始终不渝地在这片未被开垦的土地上辛勤工作，深入探索，努力开拓，积累了丰富的经验，初步形成了一套行之有效的课程体系和教学理念。20 年来高等院校计算机基础教育的发展经历了 3 个阶段：20 世纪 80 年代是初创阶段，带有扫盲的性质，多数学校只开设一门入门课程；20 世纪 90 年代是规范阶段，在全国范围内形成了按 3 个层次进行教学的课程体系，教学的广度和深度都有所发展；进入 21 世纪，开始了深化提高的第 3 阶段，需要在原有基础上再上一个新台阶。

在计算机基础教育的新阶段，要充分认识到计算机基础教育面临的挑战。

(1) 在世界范围内信息技术以空前的速度迅猛发展，新的技术和新的方法层出不穷，要求高等院校计算机基础教育必须跟上信息技术发展的潮流，大力更新教学内容，用信息技术的新成就武装当今的大学生。

(2) 我国国民经济现在处于持续快速稳定发展阶段，需要大力发展信息产业，加快经济与社会信息化的进程，这就迫切需要大批既熟悉本领域业务，又能熟练使用计算机，并能将信息技术应用于本领域的新型专门人才。因此需要大力提高高校计算机基础教育的水平，培养出数以百万计的计算机应用人才。

(3) 21 世纪，信息技术教育在我国中小学中全面开展，计算机教育的起点从大学下移到中小学。水涨船高，这样也为提高大学的计算机教育水平创造了十分有利的条件。

迎接 21 世纪的挑战，大力提高我国高等学校计算机基础教育的水平，培养出符合信息时代要求的人才，已成为广大计算机教育工作者的神圣使命和光荣职责。全国高等院校计算机基础教育研究会和清华大学出版社于 2002 年联合成立了"中国高等院校计算机基础教育改革课题研究组"，集中了一批长期在高校计算机基础教育领域从事教学和研究的专家、教授，经过深入调查研究，广泛征求意见，反复讨论修改，提出了高校计算机基础教育改革思路和课程方案，并于 2004 年 7 月发布了《中国高等院校计算机基础教育课程体系 2004》（简称 CFC 2004），由清华大学出版社出版。国内知名专家和从事计算机基础教育工作的广大教师一致认为 CFC 2004 提出了一个既体现先进性又切合实际的思路和解决方案，该研究成果具有开创性、针对性、前瞻性和可操作性，对发展我国高等院校的计算机基础教育具有重要的指导作用。在此基础上，根据计算机基础教育的发展，全国高等院校计算机基础教育研究会先后多次发布了 CFC 的新版本。

　　为了实现 CFC 提出的要求，必须有一批与之配套的教材。教材是实现教育思想和教学要求的重要保证，是教学改革中的一项重要的基本建设。如果没有好的教材，提高教学质量只是一句空话。要写好一本教材是不容易的，不仅需要掌握有关的科学技术知识，而且要熟悉自己工作的对象、研究读者的认识规律、善于组织教材内容、具有较好的文字功底，还需要学习一点教育学和心理学的知识等。一本好的计算机基础教材应当具备以下 5 个要素：

　　(1) 定位准确。要明确读者对象，要有的放矢，不要不问对象，提笔就写。

　　(2) 内容先进。要能反映计算机科学技术的新成果、新趋势。

　　(3) 取舍合理。要做到"该有的有，不该有的没有"，不要包罗万象、贪多求全，不应把教材写成手册。

　　(4) 体系得当。要针对非计算机专业学生的特点，精心设计教材体系，不仅使教材体现科学性和先进性，还要注意循序渐进、降低台阶、分散难点，使学生易于理解。

　　(5) 风格鲜明。要用通俗易懂的方法和语言叙述复杂的概念。善于运用形象思维，深入浅出，引人入胜。

　　为了推动各高校的教学，我们愿意与全国各地区、各学校的专家和老师共同奋斗，编写和出版一批具有中国特色的、符合非计算机专业学生特点的、受广大读者欢迎的优秀教材。为此，我们成立了"中国高等院校计算机基础教育课程体系规划教材"编审委员会，全面指导本套教材的编写工作。

　　这套教材具有以下几个特点：

　　(1) 全面体现 CFC 的思路和课程要求。可以说，本套教材是 CFC 的具体化。

　　(2) 教材内容体现了信息技术发展的趋势。由于信息技术发展迅速，教材需要不断更新内容，推陈出新。本套教材力求反映信息技术领域中新的发展、新的应用。

　　(3) 按照非计算机专业学生的特点构建课程内容和教材体系，强调面向应用，注重培养应用能力，针对多数学生的认知规律，尽量采用通俗易懂的方法说明复杂的概念，使学生易于学习。

　　(4) 考虑到教学对象不同，本套教材包括了各方面所需要的教材(重点课程和一般课程；必修课和选修课；理论课和实践课)，供不同学校、不同专业的学生选用。

　　(5) 本套教材的作者都有较高的学术造诣，有丰富的计算机基础教育的经验，在教材中体现了研究会所倡导的思路和风格，因而符合教学实践，便于采用。

　　本套教材统一规划、分批组织、陆续出版，希望能得到各位专家、老师和读者的指正，我们将根据计算机技术的发展和广大师生的宝贵意见随时修订，使之不断完善。

全国高等院校计算机基础教育研究会荣誉会长
"中国高等院校计算机基础教育课程体系规划教材"编审委员会主任
谭浩强

FOREWORD

本书是和作者编著的《C++程序设计(第 3 版)》(清华大学出版社出版) 一书配套使用的教学辅导书。对于怎样学好"C++程序设计"这门课,作者一贯认为:教材不同于专著,不能认为愈深愈好,愈全愈好,必须准确定位,要认真分析学习者的基础和学习本门课程应当达到的基本要求,并根据教学要求合理取舍内容。对于 C++这样公认比较难学的课程尤为如此。

《C++程序设计(第3版)》一书是为 C++的初学者而写的入门教材,目的是使读者对 C++有初步的了解,能编写简单的 C++程序,为以后进一步学习和使用 C++打下初步的基础。《C++程序设计(第 3 版)》内容既包括基于过程的程序设计,也包括基于对象和面向对象的程序设计。学习 C++首先要了解和掌握 C++的有关基本概念,学会使用 C++语言编写程序,在这过程中学习和掌握有关的算法。该书的习题是围绕这个目的而设计的。尽管 C++是为了解决大型软件开发工作中的问题而产生的,但是在学习时不可能一开始就接触甚至编写大程序,而必须从简单的小程序开始,循序渐进,逐步深入。每一章的习题都围绕更好地理解该章所叙述的基本概念、基本语法的应用以及有关的算法。只有把这些基础打好了,才能为日后的进一步学习和应用创造良好的条件。考虑到多数读者的学习基础,习题不要求具备较深入的数据结构方面的知识,所涉及的算法是读者所能理解和接受的。

本书的内容包括 3 个部分:

1.《C++程序设计(第 3 版)》一书各章中的全部习题和参考解答。在这部分中提供了 150 多个习题的解答,这些习题都是和教材内容紧密结合的。大部分习题是多数读者在学习教材后能够独立完成的,有一些习题是对教材内容的扩展,需要补充一些知识(尤其在算法方面)。由于教材篇幅有限,有些很好的例子无法在教材中列出,这里把它们作为习题,希望读者自己完成,教师也可以从中选择一些习题作为例题讲授,学生除了完成教师指定的习题外,最好把习题解答中的程序全部看一遍,以更好地理解 C++程序,扩大眼界,启迪思路,丰富知识,增长能力。

为了帮助读者更好地理解程序,对于稍难的习题,书中作了比较详细的说明,或在程序中加了注释。实际上,这部分是一个例题汇编,提供了不同类型的题目和程序,对有的题目,提供了几种不同的解法和程序,供读者比较分析。希望读者充分利用这些资源。

应当说明,在本书中提供的只是参考答案,并不一定是唯一正确的答案,甚至不一定是最好的答案，读者完全可以举一反三，编写出更好的程序。

2. C++上机操作指南。 在这部分中介绍了在两种典型环境下运行C++程序的方法，一种是Windows环境下的Visual Studio 2010，另一种是GCC。GCC是自由软件，不必购买。GCC可以在Windows环境下使用，也可以在非Windows环境（如DOS，UNIX，Linux）下使用。在本书第16章中介绍如何使用GCC来调试和运行C++程序。

学习C++不应只局限于使用一种编译环境，希望读者能掌握一种以上的编译和运行C++程序的环境与工具。

3. 上机实验指导。 在这部分中提出了上机实验的指导思想和上机实验的要求，并介绍了程序调试与测试的方法。在此基础上，设计了14个实验，每一个实验对应教材的一章。每个实验一般包括4～5个题目。这只是供教师安排实验参考的。由于教材的每一章内容的课时不同，其对应的实验的课时也应该有所不同。有的章内容较多、可能需要对应两次实验。不同的学校、不同的专业、不同程度的班级，所进行的实验的内容和课时会有所不同。除了本书指定的实验内容外，教师也可以根据教学需要指定其他实验内容。这些需要任课教师根据实际情况进行调整。

在指定实验内容时，我们采取的原则是：习题与实验内容一致，即教师指定学生完成的作业，不仅要求学生在纸上写出程序或结果，而且要求学生上机调试与运行。在实验中不能满足于能得到正确运行结果，还应当进行分析和讨论。在实验指示书中，在习题的基础上会提出一些思考问题，或改变一些条件，要求学习者修改程序，分析对比运行结果。

在完成本书习题和实验的基础上，如果读者希望进一步学习C++编程技术，可以参考本书的配套学习材料：清华大学出版社出版，陈清华、朱红编著的《C++程序编程实践指导》。

本书的教学资源可在清华大学出版社网站下载，包括以下内容：

1.《C++程序设计（第3版）》一书中的全部例题程序。文件名以cc开头，与例题号一一对应，如cc5-4.cpp是第5章例5.4程序。

2. 本书第1部分中各章习题解答的程序。文件名以xt开头，与例题号一一对应，如xt7-3.cpp是第7章习题7.3程序。

薛淑斌和谭亦峰参加了本书部分内容的编写工作，在此表示感谢。本书若有不足之处，敬请读者不吝指正。

谭浩强 谨识

2015年5月于清华园

目录

第1部分 《C++程序设计（第3版）》习题与参考解答

第1章　C++的初步知识 3

第2章　数据类型与表达式 8

第3章　程序设计初步 11

第4章　函数与预处理 33

第5章　数组 47

第6章　指针 69

第7章　自定义数据类型 97

第8章　类和对象 127

第9章　关于类和对象的进一步讨论 136

第10章　运算符重载 150

第11章　继承与派生 162

第12章　多态性与虚函数 182

第13章　输入输出流 192

第14章　C++工具 204

第2部分　C++的上机操作

第15章　用 Visual Studio 2010 运行 C++程序 213

　15.1　Visual Studio 2010 简介 213

15.2　怎样建立新项目 214
　　15.3　怎样建立文件 217
　　15.4　怎样进行编译 220
　　15.5　怎样运行程序 221
　　15.6　怎样打开一个项目中的 C++源程序文件 222
　　15.7　怎样编辑和运行一个包含多文件的程序 224
　　15.8　关于用 Visual Studio 2010 编写和运行 C++程序的说明 227

第 16 章　GCC 的上机操作 229

　　16.1　GCC 简介 229
　　　　16.1.1　什么是 GCC 229
　　　　16.1.2　GCC 和 DJGPP 229
　　　　16.1.3　DJGPP 与 RHIDE 230
　　16.2　安装 DJGPP 230
　　16.3　进入 DJGPP 开发环境 RHIDE 231
　　16.4　使用 RHIDE 窗口 232
　　　　16.4.1　RHIDE 窗口 232
　　　　16.4.2　在 RHIDE 中使用鼠标 233
　　16.5　输入一个新程序 234
　　16.6　打开已有的文件 237
　　16.7　源程序的编译和连接 238
　　　　16.7.1　关于项目 238
　　　　16.7.2　编译源程序 239
　　　　16.7.3　程序的连接 239
　　16.8　运行可执行文件 241
　　16.9　建立和运行包含多文件的项目文件的方法 242
　　16.10　程序的调试 244
　　16.11　退出 RHIDE 246

第 3 部分　上机实验内容与安排

第 17 章　实验指导 249

　　17.1　上机实验的指导思想和要求 249
　　17.2　关于程序的调试和测试 251

第 18 章　实验内容与安排 256

　　18.1　实验 1　C++程序的运行环境和运行一个 C++程序的方法 256

18.2	实验2 数据类型与表达式	257
18.3	实验3 C++程序设计初步	259
18.4	实验4 函数与预处理	261
18.5	实验5 数组	262
18.6	实验6 指针	263
18.7	实验7 自定义数据类型	264
18.8	实验8 类和对象（一）	265
18.9	实验9 类和对象（二）	267
18.10	实验10 运算符重载	270
18.11	实验11 继承与派生	271
18.12	实验12 多态性与虚函数	272
18.13	实验13 输入输出流	272
18.14	实验14 C++工具	273

参考文献 275

第1部分

《C++程序设计(第3版)》
习题与参考解答

第1章 C++ 的初步知识

1．请根据你的了解，叙述 C++ 的特点。C++ 对 C 有哪些发展？

【解】 略。

2．一个 C++ 程序是由哪几部分构成的？其中的每一部分起什么作用？

【解】 略。

3．从接到一个任务到得到最终结果，一般要经过几个步骤？

【解】 略。

4．请说明编辑、编译、连接的作用。在编译后得到的目标文件为什么不能直接运行？

【解】 编译是以源程序文件为单位进行的，而一个完整的程序可能包含若干个程序文件，在分别对它们编译之后，得到若干个目标文件（后缀一般为.obj），然后要将它们连接为一个整体。此外，还需要与编译系统提供的标准库相连接，才能生成一个可执行文件（后缀为.exe）。不能直接运行后缀为.obj 的目标文件，只能运行后缀为.exe 的可执行文件。

5．分析下面程序运行的结果。请先阅读程序，写出程序运行时应输出的结果，然后上机运行程序，验证自己分析的结果是否正确。以下各题与此同。

```
#include <iostream>
using namespace std;
int main( )
{
  cout << " This " << " is ";
  cout << " a " << "C ++ ";
  cout << "program." << endl;
  return 0;
}
```

【解】 运行结果：

This is a C ++ program.

6．分析下面程序运行的结果。

```
#include < iostream >
using namespace std;
int main( )
{
    int a,b,c;
    a=10;
    b=23;
    c=a+b;
    cout << "a+b = ";
    cout << c;
    cout << endl;
    return 0;
}
```

【解】 运行结果:

a+b=33

7. 分析下面程序运行的结果。

```
#include < iostream >
using namespace std;
int main( )
{
    int a,b,c;
    int f(int x, int y, int z);
    cin >> a >> b >> c;
    c=f(a,b,c);
    cout << c << endl;
    return 0;
}
int f(int x,int y,int z)
{
    int m;
    if (x<y) m=x;
    else m=y;
    if (z<m) m=z;
    return(m);
}
```

【解】 程序的作用是:输入 3 个整数,输出其中值最小者。f 函数的作用是找出 3 个整数中值最小者,并将此值返回主函数,赋给变量 c,在主函数中输出变量 c 的值。
运行情况如下:

3 -5 7↙
-5   (输出 3 个整数中值最小者)

8. 在你所用的 C++ 系统上,输入以下程序,进行编译,观察编译情况,如果有错误，请修改程序，再进行编译，直到没有错误，然后进行连接和运行，分析运行结果。

```
int main( );
{
  int a,b;
  c=a+b;
  cout >> "a+b=" >> a+b;
}
```

【解】 在这个小程序中有 6 处错误：

（1）main 函数首行末尾不应有分号。

（2）程序中用了 cout，但未包含头文件 iostream。应该用#include 指令包含头文件 iostream，同时加上"using namespace std；"。

（3）变量 c 未经定义。

（4）变量 a 和 b 未被赋值，因而它们的值是不确定的。

（5）流插入运算符不应写成">>"，应为"<<"。

（6）在 main 函数的最后，应有语句"return 0;"，以便在程序正常结束时，返回 0 值。

此外，在用 cout 和"<<"输出数据后，最好加"<< endl"，以结束输出的行，使其后的信息显示在下一行。

改正后的程序如下：

```
#include <iostream>
using namespace std;
int main( )
{
  int a,b,c;
  cin >> a >> b;
  c=a+b;
  cout << "a+b=" << a+b << endl;
  return 0;
}
```

运行结果：

5 9↙
a+b=14

9．输入以下程序，进行编译，观察编译情况，如果有错误，请修改程序，再进行编译，直到没有错误，然后进行连接和运行，分析运行结果。

```
#include <iostream>
using namespace std;
int main( )
{
```

```
    int a,b;
    c=add(a,b)
    cout << "a+b=" << c << endl;
    return 0;
}
int add(int x,int y);
{
    z = x + y;
    return(z);
}
```

【解】 在这个程序中有 6 处错误：

（1）变量 c 未经定义。

（2）函数 add 是在 main 函数之后定义的，应当在 main 函数调用 add 函数之前，对 add 函数作声明。

（3）定义 add 函数时，函数首行的末尾不应有分号。

（4）第 6 行末尾应有分号。

（5）在 add 函数中变量 z 未定义。

（6）变量 a，b 未被赋值，因而它们的值是不确定的。

改正后的程序如下：

```
#include <iostream>
using namespace std;
int main( )
{
 int a,b,c;
 int add(int x,int y);
 cin >> a >> b;
 c=add(a,b);
 cout << "a+b=" << c << endl;
 return 0;
}

int add(int x,int y)
{int z;
 z=x+y;
 return(z);
}
```

运行结果：

56 91↙
a+b=147

10．输入以下程序，编译并运行，分析运行结果。

```
#include <iostream>
using namespace std;
int main( )
{void sort(int x,int y,int z);
 int x,y,z
 cin >> x>y >> z;
 sort(x,y,z);
 return 0;
}
void sort(int x, int y, int z)
{
 int temp;
 if (x>y) {temp=x;x=y;y=temp;}          //{ }内3个语句的作用是将 x 和 y 的值互换
 if (z<x)    cout << z << ',' << x << ',' << y << endl;
    else if (z<y) cout << x << ',' << z << ',' << y << endl;
       else cout << x << ',' << y << ',' << z << endl;
}
```

请分析此程序的作用。sort 函数中的 if 语句是一个嵌套的 if 语句。虽然还没有正式介绍 if 语句的结构，但相信读者完全能够看懂它。

运行时先后输入以下几组数据，观察并分析运行结果。

① 3　6　10↙
② 6　3　10↙
③ 10　6　3↙
④ 10，6，3↙

通过以上的练习，可以帮助读者了解 C++ 的程序结构，熟悉 C++ 的上机方法。

【解】 运行结果：

① 3　6　10↙　　　　　　　(输入3个整数)
　 3，6，10　　　　　　　 (按由小到大的顺序排列)
② 6　3　10↙　　　　　　　(输入3个整数)
　 3，6，10　　　　　　　 (按由小到大的顺序排列)
③ 10　6　3↙　　　　　　　(输入3个整数)
　 3，6，10　　　　　　　 (按由小到大的顺序排列)
④ 10，6，3↙　　　　　　　(输入3个整数，但数据间以逗号相隔)
　 －858993460,－858993460,10　(b 和 c 的值错误)

程序的作用是对输入的3个整数按由小到大的顺序排列。

第④次运行时输入的格式有错，两个数据之间要用空格间隔，而不能用逗号。在输入10之后，遇到非数字（逗号），第1个数据结束，10被送给变量 a。由于出现逗号，6 和 3 不能正确地读入到变量 b 和 c 中，b 和 c 的值是不正确的。

第2章 数据类型与表达式

1．C++为什么要规定对所有用到的变量要"先定义，后使用"。这样做有什么好处？

【解】 略。

2．字符常量与字符串常量有什么区别？

【解】 略。

3．写出以下程序运行的结果。请先阅读程序，分析应输出的结果，然后上机验证。

```
#include <iostream>
using namespace std;
int main( )
{char c1='a'，c2=' b'，c3='c'，c4='\101'，c5='\116';
 cout << c1 << c2 << c3 <<' \n';
 cout << " \t\b" << c4 <<' \t' << c5 <<' \n';
 return 0;
}
```

【解】 运行结果：

abc
   A N

4．写出以下程序运行的结果。请先阅读程序，分析应输出的结果，然后上机验证。

```
#include < iostream >
using namespace std;
int main( )
{char c1='C',c2='+', c3=' + ';
 cout << " I say: \"" << c1 << c2 << c3 <<' \" ';
 cout << " \t\t" << "He says: \"C ++ is very interesting!\"" <<' \n ';
 return 0;
}
```

【解】 运行结果：

I say: " C ++ "   He says: "C ++   is very interesting!"

在第 1 个 cout 语句内的第一个输出项 "I say: \""中。\" 的作用是输出字符"。在第 2 个 cout 语句内，\t 的作用是输出一个制表符，即跳过 6 个字符位置，\t\t 的作用是跳过 12 个字符位置。

5．请写出下列表达式的值。

（1）3.5*3+2*7–'a'

（2）26/3+34%3+2.5

（3）45/2+(int)3.14159/2

（4）a=b=(c=a+=6)   设 a 的初值为 3

（5）a=3*5，a=b=3*2

（6）(int)(a+6.5)%2+(a=b=5)   设 a 的初值为 3

（7）x+a%3*(int)(x+y)%2/4   设 x=2.5，a=7，y=4.7

（8）(float)(a+b)/2+(int)x%(int)y 设 a=2，b=3，x=3.5，y=2.5

【解】

（1）–72.5

（2）11.5

（3）23

（4）9

（5）6

（6）6

（7）2.5

（8）3.5

6．写出下面表达式运算后 a 的值，设原来 a=12。设 a 和 n 已定义为整型变量。

（1）a+=a

（2）a–=3

（3）a*=2+3

（4）a/=a+a

（5）a%= (n%=2)，n 的值等于 5

（6）a+=a–=a*=a

【解】

（1）24

（2）9

（3）60

（4）0

（5）0

（6）0

7．写出程序运行结果。请先阅读程序，分析应输出的结果，然后上机验证。

```
#include <iostream>
using namespace std;
int main( )
{int   i,j,m,n;
 i=8;
 j=10;
 m= ++ i+j ++ ;
 n=( ++ i)+( ++ j)+m;
 cout << i << ' \t' << j << ' \t' << m << ' \t' << n << endl;
 return 0;
 }
```

【解】 运行结果：

10   12   10   41

8. 将"China"译成密码，密码规律是：用原来的字母后面第 4 个字母代替原来的字母。例如，字母 A 后面第 4 个字母是 E，用 E 代替 A。因此，"China"应译为"Glmre"。请编写一程序，用赋初值的方法使 c1，c2，c3，c4，c5 这 5 个变量的值分别为'C'，'h'，'i'，'n'，'a'。经过运算，使 c1，c2，c3，c4，c5 分别变为'G'，'l'，'m'，'r'，'e'，并输出。

【解】 可写出程序如下：

```
#include <iostream>
using namespace std;
int main( )
{char c1='C', c2 = 'h', c3='i', c4='n', c5='a';
 c1+=4;
 c2+=4;
 c3+=4;
 c4+=4;
 c5+=4;
 cout << "password is:" << c1 << c2 << c3 << c4 << c5 << endl;
 return 0;
 }
```

题目要求将 "China" 中的字母分别用其后第 4 个字母代替，大写字母 C 的 ASCII 代码是 67，大写字母 G 的 ASCII 代码是 71，二者的差为 4。其余字母情况与此相同。因此将 c1，c2，c3，c4，c5 的值分别加 4 就得到新字母的 ASCII 代码。由于 c1，c2，c3，c4，c5 已定义为字符变量，因此输出时按字符形式输出。

运行结果：

password is: Glmre

第 3 章 程序设计初步

1. 怎样区分表达式和表达式语句？C 语言为什么要设表达式语句？什么时候用表达式，什么时候用表达式语句？

【解】 略。

2. 设圆半径 r =1.5，圆柱高 h =3，求圆周长、圆面积、圆球表面积、圆球体积、圆柱体积。用 cin 输入数据，输出计算结果，输出时要求有文字说明，取小数点后两位数字。请编写程序。

【解】

```
#include <iostream>
#include <iomanip>
using namespace std;
int main( )
{float h,r,l,s,sq,vq,vz;
 const float pi=3.1415926;
 cout << "please enter r,h:";              //要求输入圆半径 r 和圆柱高 h
 cin >> r >> h;                            //输入 r 和 h
 l=2*pi*r;                                 //计算圆周长 l
 s=r*r*pi;                                 //计算圆面积 s
 sq=4*pi*r*r;                              //计算圆球表面积 sq
 vq=3.0/4.0*pi*r*r*r;                      //计算圆球体积 vq
 vz=pi*r*r*h;                              //计算圆柱体积 vz
 cout << setiosflags(ios :: fixed) << setiosflags(ios :: right) << setprecision(2);
                                           //设置输出格式
 cout << " l= " << setw(10) << l << endl;  //输出圆周长 l，指定字段宽度为 10
 cout << " s= " << setw(10) << s << endl;  //输出圆面积 s
 cout << "sq=" << setw(10) << sq << endl;  //输出圆球表面积 sq
 cout << " vq=" << setw(10) << vq << endl; //输出圆球体积 vq
 cout << " vz=" << setw(10) << vz << endl; //输出圆柱体积 vz
 return 0;
}
```

运行结果：

```
please enter r, h: 1.5 3↙
l =          9.42
s =          7.07
sq =         28.27
vq =         7.95
vz =         21.20
```

3．输入一个华氏温度，要求输出摄氏温度。公式为 $c=\dfrac{5}{9}(F-32)$，输出要有文字说明，取两位小数。

【解】 可编写程序如下：

```
#include <iostream>
using namespace std;
int main( )
{float c,f;
  cout << "请输入一个华氏温度:";
  cin >> f;
  c=(5.0/9.0)*(f−32);           //注意 5 和 9 要用实型表示，否则 5/9 值为 0
  cout << " 摄氏温度为:" << c << endl;
  return 0;
}
```

运行结果如下：

```
请输入一个华氏温度:56↙
摄氏温度为:13.33
```

4．编写程序，用 getchar 函数读入两个字符给 c1,c2，然后分别用 putchar 函数和 cout 语句输出这两个字符。并思考以下问题：

(1) 变量 c1，c2 应定义为字符型还是整型？抑或二者皆可？

(2) 如果要求输出 c1 和 c2 值的 ASCII 码，应如何处理？

【解】 可编写程序如下：

```
#include <iostream>
using namespace std;
int main( )
{char c1,c2;
  cout << "请输入两个字符 c1,c2:";
  c1=getchar( );              //将输入的第 1 个字符赋给 c1
  c2=getchar( );              //将输入的第 2 个字符赋给 c2
  cout << "用 putchar 函数输出结果为:";
  putchar(c1);
  putchar(c2);
```

```
    cout << endl;
    cout << "用 cout 语句输出结果为:";
    cout << c1 << c2 << endl;
    return 0;
}
```

运行结果：
请输入两个字符 c1,c2:ab↙
用 putchar 函数输出结果为:ab
用 cout 语句输出结果为:ab

请注意连续用两个 getchar 函数时是怎样输入字符的。不应当用以下方法输入：

a↙
b↙

因为在输入第 1 行时将 a 和回车符输入到内存的输入缓冲区，因此变量 c1 得到字符'a'，变量 c2 得到一个回车符。在输出 c2 时就会输出一个回车换行，而不会输出任何可显示的字符。在实际操作时，只要输入了"a↙"后，系统认为用户已输入了两个字符，屏幕就会马上显示如下结果：

用 putchar 函数输出结果为：a
（输出一个空行）
用 cout 语句输出结果为：a
（输出一个空行）

所以应当连续输入 a, b 两个字符，然后再按回车键，这样就保证了 c1 和 c2 分别得到字符 a 和 b。

回答思考问题：

（1）c1 和 c2 应定义为字符型。如果定义为整型，则用 putchar 函数时输出的是字符，而用上面的 cout 语句时输出的是 a 和 b 的 ASCII 码。

（2）如果想输出 a 和 b 的 ASCII 码，可以将 a,b 定义为整型，并且用 cout 语句输出 a 和 b 即可。

5．整型变量与字符变量是否在任何情况下都可以互相代替？如

    char c1,c2;

与　　int　c1,c2;

是否无条件地等价？

【解】字符数据与整型数据只是在一定条件下可以通用。具体说，包括以下几种情况：

（1）将一个整数赋给一个字符变量。其作用相当于将该整数作为字符的 ASCII 码，把它相应的字符赋给字符变量。例如将整数 72 赋给字符变量 c，由于 72 是字符 'H' 的 ASCII 码，因此相当于将字符 'H' 赋给字符变量 c。

（2）将一个字符赋给一个整型变量。其作用相当于将该字符的 ASCII 码赋给整型变量。例如将字符 'H' 赋给整型变量 i，相当于将字符 'H' 的 ASCII 码 72 赋给整型变量 i，

赋值后，i 的值为 72。

（3）字符数据与整型数据可以进行混合运算。例如：'H' + 100。将字符的 ASCII 码作为整数参加运算。表达式 'H' + 100 相当于 72 + 100。

（4）在调用函数时，函数的实参向形参传值，字符数据与整型数据之间可以通用。

但是，应当注意：

（1）并不是在任何情况下二者都是通用的，通用是有一定条件的。字符变量在内存中占 1 个字节，而整型变量一般占 4 个字节。因此整型变量在可输出字符的范围内（ASCII 码为 0～255 的字符）是可以与字符数据互相转换的。如果整数在此范围外，是不能代替字符的。请分析以下程序：

```
#include <iostream>
using namespace std;
int main( )
{char c1,c2;
 int i1,i2;                  //定义为整型
 cout << "请输入两个整数 i1,i2:";
 cin >> i1 >> i2;
 c1=i1;
 c2=i2;
 cout << "按字符输出结果为:" << c1 << " " << c2 << endl;
 return 0;
}
```

运行结果：
请输入两个整数 i1,i2:97 98↵
按字符输出结果为:a , b

如果输入的整数在 0～255 范围之外，则可能会出现预料不到的情况。下面是另一次运行结果：

请输入两个整数 i1,i2:294 320↵
按字符输出结果为:& , @

原因是 294 和 320 都超过了 0～255 的范围，字符变量所占的 1 个字节无法容纳它们，产生"溢出"。255 在内存中的存储情况为

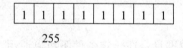
255

256 在内存中的存储情况为

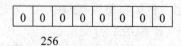
256

256 的二进制形式为 100000000，但由于 1 个字节只有 8 个二进制位（bit），因此

发生"溢出",最高位 1 被舍弃,在存储单元中只能存放后面 8 个 0。257 的二进制形式为 100000001,在内存中的存储情况为

0	0	0	0	0	0	0	1

257

依此类推,294 在存储单元中的存储情况相当于 294 – 256 = 38 的情况,即

0	0	1	0	0	1	1	0

294

而 38 是字符&的 ASCII 代码,因此 cout 语句输出 c1 时得到字符&。同理,320 在存储单元中的存储情况相当于 320 – 256 = 64 的情况,而 64 是字符@的 ASCII 代码,因此 cout 语句输出 c2 时得到字符@。

如果输入给 i1 和 i2 的值为–132 和 1000,请考虑输出结果是什么?并上机验证。

(2)用 cout 语句输出时是按变量的类型进行输出的,如果 c1,c2 被定义为字符型,则输出字符,如果 c1,c2 被定义为整型,则输出整数。如:

char c1=97,c2=65;
cout << c1 << "," << c2 << endl;

输出结果为

a , A

如果将 c1,c2 被定义为整型:

int c1=97,c2=65;
cout << c1 << "," << c2 << endl;

输出结果为

97 , 65

因此并不是在任何情况下都可以将 int 型变量改为 char 型,或者将 char 型变量改为 int 型。在表达式的运算中,用 char 型或 int 型作用是一样的,都按整数进行运算。

6. 什么是算术运算?什么是关系运算?什么是逻辑运算?

【解】 略。

7. C++ 如何表示"真"和"假"?系统如何判断一个量的"真"和"假"?

【解】 在求解一个逻辑表达式时,若结果值为"真",则在 C++ 中以 1 表示;若其值为"假",则以 0 表示。但是在判断一个逻辑量的值时,以 0 代表"真",以非 0 代表"假"。例如逻辑表达式"3 && 5"的值为"真",如果输出此逻辑表达式的值,得到结果值为 1。

8. 写出下面各逻辑表达式的值。设 a=3,b = 4,c=5。

(1) a+b > c && b==c

（2）a||b + c && b−c

（3）!(a>b)&& !c||1

（4）!(x=a) && (y=b) && 0

（5）!(a+b) + c−1 && b+c/2

【解】 各逻辑表达式的值如下：

（1）0　　（2）1　　（3）1　　（4）0　　（5）1

9．有 3 个整数 a，b，c，由键盘输入，输出其中最大的数。

【解】

(1) 方法一：用 if 语句。

```
#include <iostream>
using namespace std;
int main( )
{int a,b,c;
 cout << "please enter three integer numbers:";
 cin >> a >> b >> c;
 if(a<b)
   if (b<c)
     cout << "max=" << c;
   else
     cout << "max=" << b;
   else if (a<c)
       cout << "max=" << c;
     else
       cout << "max=" << a;
 cout << endl;
 return 0;
}
```

运行结果：

please enter three integer numbers:12 34 9✓

max=34

(2) 方法二：使用条件表达式，可以使程序更加简明、清晰。

```
#include <iostream>
using namespace std;
int main( )
{int a,b,c,temp,max ;
 cout << "please enter three integer numbers:";
 cin >> a >> b >> c;
 temp=(a>b)?a:b;          //将 a 和 b 中的大者存入 temp 中
 max=(temp>c)?temp:c;     //将 a 和 b 中的大者与 c 比较，最大者存入 max 中
 cout << "max=" << max << endl;
 return 0;
}
```

运行结果：
please enter three integer numbers :: 121 –34 40↙
max=121

10．有一函数：

$$y = \begin{cases} x & (x<1) \\ 2x-1 & (1 \leqslant x < 10) \\ 3x-11 & (x \geqslant 10) \end{cases}$$

编写一程序，输入 x，输出 y 的值。

【解】 程序如下：
```
#include < iostream >
using namespace std;
int main( )
{int x,y;
  cout << "enter x:";
  cin >> x;
  if (x<1)
    {y=x;
     cout << "x=" << x << ", y=x=" << y;
    }
  else if (x<10)                    // 1≤x<10
    {y=2*x–1;
     cout << "x=" << x << ", y=2*x–1=" << y;
    }
    else                            // x≥10
      {y=3*x–11;
       cout << "x=" << x << ", y=3*x–11=" << y;
      }
  cout << endl;
  return 0;
}
```

运行结果：
① enter x:4↙
   x = 4, y=2*x–1=7
② enter x:–1↙
   x= –1, y=x = –1
③ enter x:20↙
   x= 20, y=3*x–11=49

11．给出一个百分制的成绩，要求输出成绩等级 'A'，' B'，'C'，' D'，' E'。90 分以上为'A'，80～89 分为' B'，70～79 分为'C'，60～69 分为' D'，60 分以下为' E'。

【解】 程序如下：
```
#include <iostream>
using namespace std;
```

```
int main( )
{float score;
 char grade;
 cout << "please enter score of student:";
 cin >> score;
 while (score>100||score<0)
    {cout << "data error,enter data again.";
     cin >> score;
    }
 switch(int(score/10))
        {case 10:
         case 9: grade='A';break;
         case 8: grade='B';break;
         case 7: grade='C';break;
         case 6: grade='D';break;
         default:grade='E';
        }
   cout << "score is " << score << ", grade is " << grade << endl;
   return 0;
}
```

运行结果：

① please enter score of student: 90.5✓
score is 90.5, grade is A

② please enter score of student: 45.5✓
score is 59.5, grade is E

说明：对输入的数据进行检查，如小于 0 或大于 100，要求重新输入。int(score/10) 的作用是将（score/10）的值进行强制类型转换，得到一个整型值。

12. 给出一个不多于 5 位的正整数，要求：①求出它是几位数；②分别打印出每一位数字；③按逆序打印出各位数字，例如原数为 321，应输出 123。

【解】 程序如下：

```
#include <iostream>
using namespace std;
int main( )
{long int num;
 int indiv,ten,hundred,thousand,ten_thousand,place;
                // 分别代表个位、十位、百位、千位、万位和位数
 cout << "enter an integer(0 ~ 99999):";
 cin >> num;
 if (num>9999)
      place=5;
 else   if (num>999)
      place=4;
 else   if (num>99)
```

```
            place=3;
    else    if (num>9)
            place=2;
    else place=1;
    cout << "place=" << place << endl;
    //计算各位数字
    ten_thousand=num/10000;
    thousand=(int)(num–ten_thousand*10000)/1000;
    hundred=(int)(num–ten_thousand*10000–thousand*1000)/100;
    ten=(int)(num–ten_thousand*10000–thousand*1000–hundred*100)/10;
    indiv=(int)(num–ten_thousand*10000–thousand*1000–hundred*100–ten*10);
    cout << "original order:";
    switch(place)
        {case 5: cout << ten_thousand << "," << thousand << "," << hundred << "," << ten << "," <<
                      indiv << endl;
                 cout << "reverse order:";
                 cout << indiv << ten << hundred << thousand << ten_thousand << endl;
                 break;
         case 4: cout << thousand << "," << hundred << "," << ten << "," << indiv << endl;
                 cout << "reverse order:";
                 cout << indiv << ten << hundred << thousand << endl;
                 break;
         case 3: cout << hundred << "," << ten << "," << indiv << endl;
                 cout << "reverse order:";
                 cout << indiv << ten <<hundred << endl;
                 break;
         case 2: cout << ten << "," << indiv << endl;
                 cout << "reverse order:";
                 cout << indiv << ten << endl;
                 break;
         case 1: cout << indiv << endl;
                 cout << vreverse order:";
                 cout << indiv << endl;
                 break;
        }
        return 0;
    }
```

运行结果：
enter an integer(0~99999):98765✓
place=5
original order: 9,8,7,6,5
reverse order: 56789

13. 企业发放的奖金来自利润提成。利润 i 低于或等于 10 万元的，可提成 10%为奖金；利润 i 高于 10 万元，低于或等于 20 万元，即 100000＜i≤200000 时，低于 10 万元的部分按 10%提成，高于 10 万元的部分可提成 7.5%；200000＜i≤400000 时，低于 20 万的部分仍按上述办法提成（下同），高于 20 万元的部分按 5%提成；400000＜i≤600000 时，高于 40 万元的部分按 3%提成；600000＜i≤1000000 时，高于 60 万元的部分按 1.5%提成；i＞1000000 时，超过 100 万元的部分按 1%提成。从键盘输入当月利润 i，求应发奖金总数。

要求：

（1）用 if 语句编程序；

（2）用 switch 语句编程序。

【解】

（1）用 if 语句

```
#include <iostream>
using namespace std;
int main( )
{ long i;                                    //i 为利润
    float   bonus,bon1,bon2,bon4,bon6,bon10;
    bon1=100000*0.1;                         //利润为 10 万元时的奖金
    bon2=bon1+100000*0.075;                  //利润为 20 万元时的奖金
    bon4=bon2+200000*0.05;                   //利润为 40 万元时的奖金
    bon6=bon4+200000*0.03;                   //利润为 60 万元时的奖金
    bon10=bon6+400000*0.015;                 //利润为 100 万元时的奖金
    cout << "enter i:";
    cin >> i;
    if (i<=100000)
       bonus=i*0.1;                          //利润在 10 万元以内按 10%提成奖金
    else if (i<=200000)
       bonus=bon1+(i–100000)*0.075;          //利润在 10 万元至 20 万时的奖金
    else if (i<=400000)
       bonus=bon2+(i–200000)*0.05;           //利润在 20 万元至 40 万时的奖金
    else if (i<=600000)
       bonus=bon4+(i–400000)*0.03;           //利润在 40 万元至 60 万时的奖金
    else if (i<=1000000)
       bonus=bon6+(i–600000)*0.015;          //利润在 60 万元至 100 万时的奖金
    else
       bonus=bon10+(i–1000000)*0.01;         //利润在 100 万元以上时的奖金
    cout << "bonus=" << bonus << endl;
    return 0;
}
```

运行结果：

enter i: 234000✓

bonus=19200

此题的关键在于正确写出每一区间的奖金计算公式，例如利润在 10 万元至 20 万时，奖金应由两部分组成：

① 利润为 10 万元时应得的奖金，即 10 万*0.1。

② 10 万元以上部分应得的奖金，即(num − 10 万)*0.075。

同理，20 万~40 万这个区间的奖金也应由两部分组成：

① 利润为 20 万元时应得的奖金，即 10 万*0.1+10 万*0.075。

② 20 万元以上部分应得的奖金，即(num − 20 万)*0.05。

程序中先把 10 万、20 万、40 万、60 万、100 万各关键点的奖金计算出来，即 bon1，bon2，bon4，bon6 和 bon10。然后再加上各区间附加部分的奖金即可。

（2）用 switch 语句

```
#include <iostream>
using namespace std;
int main( )
{long i;
  float bonus,bon1,bon2,bon4,bon6,bon10;
  int c;
  bon1=100000*0.1;
  bon2=bon1+100000*0.075;
  bon4=bon2+200000*0.05;
  bon6=bon4+200000*0.03;
  bon10=bon6+400000*0.015;
  cout << "enter i:";
  cin >> i;
  c=i/100000;
  if (c>10)   c=10;
  switch(c)
   {case 0: bonus=i*0.1; break;
    case 1: bonus=bon1+(i−100000)*0.075; break;
    case 2:
    case 3: bonus=bon2+(i−200000)*0.05;break;
    case 4:
    case 5: bonus=bon4+(i−400000)*0.03;break;
    case 6:
    case 7:
    case 8:
    case 9: bonus=bon6+(i − 600000)*0.015; break;
    case 10: bonus=bon10+(i − 1000000)*0.01;
   }
  cout << " bonus=" << bonus << endl;
  return 0;
}
```

运行结果：
enter i: 234000↙
bonus=19200

14．输入 4 个整数，要求按由小到大的顺序输出。

【解】
```
#include <iostream>
using namespace std;
int main( )
{int t,a,b,c,d;
  cout << "enter four numbers:";
  cin >> a >> b >> c >> d;
  cout << "a=" << a << ", b=" << b << ", c=" << c << ",d=" << d << endl;
  if (a>b)
    {t=a;a=b;b=t;}
  if (a>c)
    {t=a; a=c; c=t;}
  if (a>d)
    {t=a; a=d; d=t;}
  if (b>c)
    {t=b; b=c; c=t;}
  if (b>d)
    {t=b; b=d; d=t;}
  if (c>d)
    {t=c; c=d; d=t;}
  cout << "the sorted sequence:" << endl;
  cout << a << ", " << b << ", " << c << ", " << d << endl;
  return 0;
}
```

运行结果：
enter four numbers:6 8 1 4↙
a=6,b=8,c=1,d=4
the sorted sequence:
1,4,6,8

本题采用依次比较的方法排出其大小顺序。在学习了循环和数组以后,可以有更多的排序方法。

15．输入两个正整数 m 和 n，求其最大公约数和最小公倍数。

【解】
```
#include <iostream>
using namespace std;
int main( )
{int p,r,n,m,temp;
  cout << "please enter two positive integer numbers n,m:";
```

```
    cin >> n >> m;
    if (n<m)
        {temp=n;
          n=m;
          m=temp;                            //把较大数放在 n 中,较小数放在 m 中
        }
    p=n*m;                                   //先将 n 和 m 的乘积保存在 p 中,以便求最小公倍数时使用
    while (m!=0)                             //求 n 和 m 的最大公约数
        {r=n%m;
          n=m;
          m=r;
        }
    cout << "HCF=" << n << endl;
    cout << "LCD=" << p/n << endl;           // p 是原来两个整数的乘积
    return 0;
    }
```

运行情况：
please enter two positive integer numbers n,m:15 9 ✓
HCF=3
LCD=45

16．输入一行字符，分别统计出其中英文字母、空格、数字和其他字符的个数。

【解】
```
#include <iostream>
using namespace std;
int main( )
{char c;
 int letters=0,space=0,digit=0,other=0;
 cout << "enter one line:" << endl;
 while((c=getchar())!=' \n')
 {if (c>='a' && c<='z' ||c>='A' && c<='Z')
        letters++;
 else if (c= =' ' )
        space++;
 else if (c>=' 0' && c<=' 9' )
        digit++;
 else
        other++;
 }
 cout << " letter:" << letters << ",space:" << space << ",digit:" << digit << ",other:" << other << endl;
 return 0;
 }
```

运行结果：
enter one line:
My teacher's address is "#123 Beijing Road,Shanghai".
letter:38, space:6, digit:3, other:6

17. 求 $S_n = a+aa+aaa+\cdots+\underbrace{aa\cdots a}_{n\text{个}a}$ 之值，其中 a 是一个数字。例如：2+22+222+2222+22222（此时 $n=5$），n 由键盘输入。

【解】
```
#include <iostream>
using namespace std;
int main( )
{int    a,n,i=1,sn=0,tn=0;
  cout << "a,n=:";
  cin >> a >> n;
  while (i<=n)
    {tn=tn+a;              //赋值后的 tn 为 i 个 a 组成数的值
     sn=sn+tn;             //赋值后的 sn 为多项式前 i 项之和
     a=a*10;
     ++i;
    }
  cout << "a+aa+aaa+…=" << sn << endl;
  return 0;
}
```

运行结果：
a,n: 2 5✓
a+aa+aaa+…=24690

18. 求 $\sum_{n=1}^{20} n!$ （即求 1!+2!+3!+4!+…+20!）。

【解】
```
#include <iostream>
using namespace std;
int main( )
{float s=0,t=1;
  int n;
  for (n=1;n<=20;n++)
    {
     t=t*n;              //求 n!
     s=s+t;              //将各项累加
    }
  cout << "1!+2!+…+20!=" << s << endl;
```

        return 0;
    }

运行结果：

1!+2!+…+20!=2.56133e+018

请注意：s 不能定义为 int 型或 long 型，因为 int 型和 long 型数据的范围为–21 亿～21 亿，无法容纳求得的结果。

19．输出所有的"水仙花数"。所谓"水仙花数"是指一个 3 位数，其各位数字立方和等于该数本身，例如，153 是一水仙花数，因为 $153=1^3+5^3+3^3$。

【解】
```
#include <iostream>
using namespace std;
int main( )
{int i,j,k,n;
  cout << "narcissus numbers are:" << endl;
  for (n=100;n<1000;n++)
      {i=n/100;
       j=n/10–i*10;
       k=n%10;
       if (n = = i*i*i + j*j*j + k*k*k)
          cout << n << " ";
      }
  cout << endl;
  return 0;
}
```

运行结果：

narcissus numbers are: 153 370 371 407

20．一个数如果恰好等于它的因子之和，这个数就称为"完数"。例如，6 的因子为 1，2，3，而 6=1+2+3，因此 6 是"完数"。编程序找出 1000 之内的所有完数，并按下面格式输出其因子：

6，its factors are 1，2，3

【解】
方法一：
```
#include < iostream >
using namespace std;
int main( )
 {const int m=1000;                  //定义寻找范围
  int k1,k2,k3,k4,k5,k6,k7,k8,k9,k10;
  int i,a,n,s;
  for (a=2;a<=m;a++)                 // a 是 2～1000 的整数，检查它是否为完数
```

```
    {n=0;                        //n 用来累计 a 的因子的个数
    s=a;                         //s 用来存放尚未求出的因子之和,开始时等于 a
    for (i=1;i<a;i++)            //检查 i 是否为 a 的因子
       if(a%i==0)                //如果 i 是 a 的因子
         {n++;                   //n 加 1,表示新找到一个因子
          s=s-i;                 //s 减去已找到的因子,s 的新值是尚未求出的因子之和
          switch(n)              //将找到的因子赋给 k1,…,k10
            {case 1:
                 k1=i;   break;  //找出的第 1 个因子赋给 k1
             case 2:
                 k2=i;   break;  //找出的第 2 个因子赋给 k2
             case 3:
                 k3=i;   break;  //找出的第 3 个因子赋给 k3
             case 4:
                 k4=i;   break;  //找出的第 4 个因子赋给 k4
             case 5:
                 k5=i;   break;  //找出的第 5 个因子赋给 k5
             case 6:
                 k6=i;   break;  //找出的第 6 个因子赋给 k6
             case 7:
                 k7=i;   break;  //找出的第 7 个因子赋给 k7
             case 8:
                 k8=i;   break;  //找出的第 8 个因子赋给 k8
             case 9:
                 k9=i;   break;  //找出的第 9 个因子赋给 k9
             case 10:
                 k10=i;  break;  //找出的第 10 个因子赋给 k10
            }
         }
    if (s= = 0)                  //s=0 表示全部因子都已找到了
       {cout << a << " is a 完数" << endl;
        cout << "its factors are:";
        if (n>1)   cout << k1 << "," << k2;    //n>1 表示 a 至少有 2 个因子
        if (n>2)   cout << "," << k3;          //n>2 表示至少有 3 个因子,故应再输出一个因子
        if (n>3)   cout << "," << k4;          //n>3 表示至少有 4 个因子,故应再输出一个因子
        if (n>4)   cout << "," << k5;          //以下类似
        if (n>5)   cout << "," << k6;
        if (n>6)   cout << "," << k7;
        if (n>7)   ut << "," << k8;
        if (n>8)   ut << "," << k9;
        if (n>9)   ut << "," << k10;
        cout << endl << endl;
       }
  }
```

```
    return 0;
 }
```

运行结果：

6 is a 完数
its factors are:1,2,3

28 is a 完数
its factors are:1,2,4,7,14

496 is a 完数
its factors are:1,2,4,8,16,31,62,124,248

方法二：
```
#include <iostream>
using namespace std;
int main( )
{int m,s,i;
    for (m=2;m<1000;m++)
      {s=0;
        for (i=1;i<m;i++)
          if ((m%i)==0) s=s+i;
        if(s==m)
          {cout << m << " is a 完数" << endl;
            cout << " its factors are:";
            for (i=1;i<m;i++)
              if (m%i = = 0)   cout << i << " ";
            cout << endl;
          }
      }
    return 0;
 }
```

方法三：此题用数组方法更为简单。

```
#include <iostream>
using namespace std;
int main( )
{int k[11];
 int i,a,n,s;
 for (a=2;a<=1000;a++)
    {n=0;
     s=a;
     for (i=1;i<a;i++)
       if ((a%i)==0)
         {n++;
```

```
            s=s–i;
          k[n]=i;            //将找到的因子赋给 k[1],…, k[10]
        }
      if (s = = 0)
        {cout << a << " is a  完数" << endl;
         cout << "its factors are:";
         for (i=1;i<n;i++)
            cout << k[i] << " ";
         cout << k[n] << endl;
        }
     }
   return 0;
  }
```

21．有一分数序列

$$\frac{2}{1},\frac{3}{2},\frac{5}{3},\frac{8}{5},\frac{13}{8},\frac{21}{13},\cdots$$

求出这个数列的前 20 项之和。

【解】
```
#include <iostream>
using namespace std;
int main( )
   {int i,t,n=20;
    double a=2,b=1,s=0;
    for (i=1;i<=n;i++)
    {s=s+a/b;
     t=a;
     a=a+b;              //将前一项分子与分母之和作为下一项的分子
     b=t;                //将前一项的分子作为下一项的分母
    }
    cout << "sum=" << s << endl;
    return 0;
   }
```

运行结果：
sum=32.6603

22．猴子吃桃问题。猴子第 1 天摘下若干个桃子，当即吃了一半，还不过瘾，又多吃了一个。第 2 天早上又将剩下的桃子吃掉一半，又多吃了一个。以后每天早上都吃了前一天剩下的一半另加一个。到第 10 天早上想再吃时，就只剩一个桃子了。求第 1 天共摘了多少桃子。

【解】
#include <iostream>

```
using namespace std;
int main( )
   {int day,x1,x2;
    day=9;
    x2=1;
    while(day>0)
       {x1=(x2+1)*2;              //第 1 天的桃子数是第 2 天桃子数加 1 后的 2 倍
        x2=x1;
        day--;
       }
    cout << "total=" << x1 << endl;
    return 0;
   }
```

运行结果：
total=1534

23．用迭代法求 $x=\sqrt{a}$ 。求平方根的迭代公式为

$$x_{n+1}=\frac{1}{2}\left(x_n+\frac{a}{x_n}\right)$$

要求前后两次求出的 x 的差的绝对值小于 10^{-5} 。

【解】 用迭代法求平方根的算法如下：

（1）设定一个 x 的初值 x_0；

（2）用以上公式求出 x 的下一个值 x_1；

（3）再将 x_1 代入以上公式右侧，求出 x 的下一个值 x_2；

（4）如此继续下去，直到前后两次求出的 x 值（x_n 和 x_{n+1}）满足以下关系：

$$|x_{n+1}-x_n|<10^{-5}$$

为了便于程序处理，今只用 x_0 和 x_1，先令 x 的初值 $x_0=a/2$(也可以是另外的值)，求出 x_1，如果此时 $|x_1-x_0|\geq 10^{-5}$，则使 $x_1 \Rightarrow x_0$，然后用这个新的 x_0 求出下一个 x_1，如此反复，直到 $|x_1-x_0|<10^{-5}$ 为止。

程序如下：

```
#include <iostream>
#include <cmath>
using namespace std;
int main( )
  {float a,x0,x1;
   cout << "enter a positive number:";
   cin >> a;                   // 输入 a 的值
   x0=a/2;
   x1=(x0+a/x0)/2;
   do
     {x0=x1;
      x1=(x0+a/x0)/2;
```

```
        } while(fabs(x0-x1)>=1e-5);
    cout << "The square root of " << a << " is " << x1 << endl;
    return 0;
}
```

运行结果：

enter a positive number:2↙
The square root of   2 is 1.41421

24．输出以下图案。

```
*
***
*****
*******
*****
***
*
```

【解】
```
#include <iostream>
using namespace std;
int main( )
   {int i,k;
    for (i=0;i<=3;i++)                  //输出上面 4 行*号
       {for (k=0;k<=2*i;k++)
          cout << "*";                  //输出*号
        cout << endl;                   //输出完一行*号后换行
       }
    for (i=0;i<=2;i++)                  //输出下面 3 行*号
       {for (k=0;k<=4-2*i;k++)
          cout << "*";                  //输出*号
        cout << endl;                   //输出完一行*号后换行
       }
    return 0;
   }
```

运行结果：

```
*
***
*****
*******
*****
***
```

*25. 两个乒乓球队进行比赛，各出 3 人。甲队为 A，B，C 3 人，乙队为 X，Y，Z 3 人。已抽签决定比赛名单。有人向队员打听比赛的名单，A 说他不和 X 比，C 说他不和 X，Z 比。请编程序找出 3 对赛手的名单。

【解】 先分析题目。按题意，画出如图 3.1 所示的示意图。

图中带 "×" 符号的虚线表示不允许的组合。从图中可以看到：①X 既不与 A 比赛，又不与 C 比赛，必然与 B 比赛。②C 既不与 X 比赛，又不与 Z 比赛，必然与 Y 比赛。③剩下的只能是 A 与 Z 比。见图 3.2。

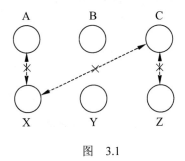
图　3.1

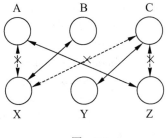
图　3.2

以上是经过逻辑推理得到的结论。用计算机程序处理此问题时，不可能立即就得出此结论，而必须把每一种成对的组合一一检验，看它们是否符合条件。

开始时，并不知道 A，B，C 与 X，Y，Z 中哪一个比赛，可以假设：A 与 i 比，B 与 j 比，C 与 k 比，即

A－－－i
B－－－j
C－－－k

i，j，k 分别是 X，Y，Z 之一，且 i，j，k 互不相等（一个队员不能与对方二人比赛）。流程图见图 3.3。

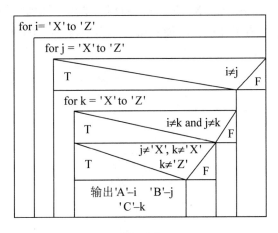
图　3.3

外循环使 i 由 'X' 变到 'Z'，中循环使 j 由 'X' 变到 'Z'（但 i 不应与 j 相等）。然后对每一组 i，j 的值，找符合条件的 k 值。k 同样也可能是 'X'，'Y'，'Z' 之一。但 k 也不应与 i 或 j 相等。在 i≠j≠k 的条件下，再把 i≠'X' 和 k≠'X' 以及 k≠'Z' 的 i，j，k 的值输出即可。

程序如下：

```
#include <iostream>
using namespace std;
int main( )
  {char i,j,k;                         //i 是 a 的对手;j 是 b 的对手;k 是 c 的对手
   for (i='X'; i<='Z';i++)
     for (j='X';j<='Z';j++)
        if (i!=j)
          for (k='X';k<='Z';k++)
            if (i!=k && j!=k)
              if (i!='X' && k!='X' && k!='Z')
                 cout << "A--" << i << "  B--" << j << "  C--" << k << endl;
   return 0;
  }
```

运行结果：

A---Z   B---X   C---Y

说明：

（1）整个执行部分只有一个语句，所以只在语句的最后有一个分号。请读者弄清楚循环和选择结构的嵌套关系。

（2）分析最下面一个 if 语句中的条件：i≠'X'，k≠'X'，k≠'z'，因为已事先假定 A---i，B---j，C---k，由于题目规定 A 不与 X 对抗，因此 i 不能等于 'x'。同理，C 不与 X，Z 对抗，因此 k 不应等于 'X' 和 'Z'。

（3）题目给的是 A，B，C，X，Y，Z，而程序中用了加撇号的字符常量 'X'，'Y'，'Z'，这是为什么？这是为了在运行时能直接打印出字符 A，B，C，X，Y，Z，以表示三组对抗的情况。

第 4 章 函数与预处理

1. 编写两个函数，分别求两个整数的最大公约数和最小公倍数，用主函数调用两个函数，并输出结果，两个整数由键盘输入。

【解】 设两个整数为 u 和 v，用辗转相除法求最大公约数的算法如下：

```
if v>u
    将变量 u 与 v 的值互换                (使大者 u 为被除数)
while (u/v 的余数 r≠0)
    {u=v                              (使除数 v 变为被除数 u)
     v=r                              (使余数 r 变为除数 v)
    }
输出最大公约数 r
最小公倍数 l=u*v/最大公约数 r。
```

据此写出程序：

```cpp
#include <iostream>
using namespace std;
int main( )
   {int hcf(int,int);
    int lcd(int,int,int);
    int u,v,h,l;
    cin >> u >> v;
    h=hcf(u,v);
    cout << "H.C.F=" << h << endl;
    l=lcd(u,v,h);
    cout << "L.C.D=" << l << endl;
    return 0;
   }
int hcf(int u,int v)
 {int t,r;
  if (v>u)
     {t=u;u=v;v=t;}
```

```
            while ((r=u%v)!=0)
                {u=v;
                 v=r;}
                return(v);
            }
        int lcd(int u,int v,int h)
         {return(u*v/h);}
```

运行结果：

<u>24 16✓</u>   (输入两个整数)
H.C.F=8   (最大公约数)
L.C.D=48   (最小公倍数)

2. 求方程 $ax^2+bx+c=0$ 的根，用 3 个函数分别求当 b^2-4ac 大于 0、等于 0 和小于 0 时的根，并输出结果。从主函数输入 a，b，c 的值。

【解】 程序如下：

```
#include <iostream>
#include <math.h>
using namespace std;
float x1,x2,disc,p,q;
int main( )
 {void greater_than_zero(float,float);
  void equal_to_zero(float,float);
  void smaller_than_zero(float,float);
  float a,b,c;
  cout << "input a,b,c:";
  cin >> a >> b >> c;
  disc=b*b – 4*a*c;
  cout << "root:" << endl;
  if (disc>0)
    {
     greater_than_zero(a,b);
     cout << "x1=" << x1 << ", x2=" << x2 << endl;
    }
  else if (disc==0)
       {equal_to_zero(a,b);
        cout << " x1=" << x1 << ",x2=" << x2 << endl;
       }
      else
        {smaller_than_zero(a,b);
         cout << " x1=" << p << " +" << q << " i" << endl;
         cout << "x2=" << p << " –" << q << " i" << endl;
        }
  return 0;
```

```
}
void greater_than_zero(float a,float b)      //定义一个函数,用来求 disc>0 时方程的根
 {x1=(–b+sqrt(disc))/(2*a);
  x2=(–b–sqrt(disc))/(2*a);
 }
void equal_to_zero(float a,float b)          //定义一个函数,用来求 disc=0 时方程的根
 {
  x1=x2=(–b)/(2*a);
 }
void smaller_than_zero(float a,float b)      //定义一个函数,用来求 disc<0 时方程的根
 {
  p = –b/(2*a);
  q=sqrt(–disc)/(2*a);
 }
```

运行结果：

① input a,b,c:1 2 1↙
　　root:
　　x1 = –1,x2 = –1
② input a,b,c:2 4 1↙
　　root:
　　x1 = –0.2928931, x2 = –1.70711
③ input a,b,c:2 4 3↙
　　x1 = –1+0.70107i,x2 = –1– 0.701107i

3．编写一个判别素数的函数，在主函数中输入一个整数，输出是否为素数的信息。

【解】
```
#include < iostream >
using namespace std;
int main( )
{int prime(int);                    //函数原型声明
 int n;
 cout << "input an integer:";
 cin >> n;
 if (prime(n))
   cout << n << " is a prime." << endl;
 else
   cout << n << " is not a prime." << endl;
 return 0;
 }
int prime(int n)
 {int flag=1,i;
  for (i=2;i<n/2 && flag==1;i++)
     if (n%i==0)
```

```
        flag=0;
    return(flag);
}
```

运行结果：
input an integer:17↙
17 is a prime.

4．求 $a!+b!+c!$ 的值，用一个函数 fac(n) 求 n!。a, b, c 的值由主函数输入，最终得到的值在主函数中输出。

【解】
```
#include <iostream>
using namespace std;
int main( )
{int fac(int);
 int a,b,c,sum=0;
 cout << "enter a,b,c:";
 cin >> a >> b >> c;
 sum=sum+fac(a)+fac(b)+fac(c);
 cout << a << "!+" << b << "!+" << c << "!=" << sum << endl;
 return 0;
}
int fac(int n)
{int f=1;
   for (int i=1;i<=n;i++)
      f=f*i;
   return f;
}
```

运行结果：
enter a,b,c:3 4 5↙
4!+5!+6!=864

5．编写一函数求 sinh(x) 的值，求 sinh(x) 的近似公式为

$$\sinh(x) = \frac{e^x - e^{-x}}{2}$$

其中用一个函数求 e^x。

【解】
```
#include <iostream>
#include <cmath>
using namespace std;
int main( )
{double e(double);
```

```
    double x,sinh;
    cout << "enter x:";
    cin >> x;
    sinh=(e(x)+e(-x))/2;             //计算 sinh(x)
    cout << "sinh(" << x << ")=" << sinh << endl;
    return 0;
}

double e(double x)                   //求 e^x 的函数
{return exp(x);}
```

运行结果：
enter x:1.5↙
sinh(1.5)=2.35241

6．用牛顿迭代法求方程的根。方程为 $ax^3 + bx^2 + cx + d = 0$。系数 a，b，c，d 的值依次为 1，2，3，4，由主函数输入。求 x 在 1 附近的一个实根。求出根后由主函数输出。

【解】 牛顿迭代法的公式是 $x = x_0 - \dfrac{f(x)}{f'(x)}$，设迭代到 $|x-x_0| \leqslant 10^{-5}$ 时结束。用牛顿迭代法求根的函数 solut 的算法如下：

```
do
   {x0=x;
    计算函数 f(x0) 的值
    计算函数 f(x0) 的导数 f'(x0)的值
    计算近似根 x=x0−f(x0)/f'(x0)
   } until( | x−x0|≤10^−5
输出近似根 x
```

程序如下：
```
#include <iostream>
#include <cmath>
using namespace std;
int main( )
{double solut(double, double, double, double );
 double a,b,c,d;
 cout << "input a,b,c,d:";
 cin >> a >> b >> c >> d;
 cout << solut(a,b,c,d) << endl;
 return 0;
}
double solut(double a,double b,double c,double d)
{double x=1,x0,f,f1;
    do
      {x0=x;
```

```
        f=((a*x0+b)*x0+c)*x0+d;
        f1=(3*a*x0+2*b)*x0+c;
        x=x0–f/f1;
      }
    while(fabs(x–x0)>=1e–5);
    return(x);
}
```

运行结果：

input a,b,c,d:4 3 2 1↙
x = – 0.60583

7. 编写一个函数验证哥德巴赫猜想：一个不小于 6 的偶数可以表示为两个素数之和，如 6=3+3，8=3+5，10=3+7……在主函数中输入一个不小于6的偶数 n，然后调用函数 gotbaha，在 gotbaha 函数中再调用 prime 函数，prime 函数的作用是判别一个数是否为素数。在 godbah 函数中输出以下形式的结果：

34=3+31

【解】 解题的思路是：假设偶数 $n=a+b$，分别判别 a 和 b 是否为素数，如果二者均是素数，则满足要求，输出结果。如果 a 和 b 中有一者不是素数，则不满足要求，改变 a 和 b 的值，重新进行测试。先设 a 的值为 3（3 是除了 2 以外最小的素数。显然不应设 a 的值为 2，因为若 a 是偶数，则 b 也必为偶数而不可能是素数）。如果 $n=20$，则 $a=3$ 时，$b=17$。先检查得知 3 是素数，再检查 17 是否为素数，经判别 17 是素数，于是得到符合要求的第一组数据，输出 20=3+17。改变 a 的值，使 a 的值加 2，a 的值变为 5（请思考：a 的值为什么加 2 而不是加 1）。经检查得知 5 是素数，但是 15 不是素数，故 20=5+15 不符合要求。再使 a 的值加 2 变为 7，经检查 20=7+13 符合要求，输出结果。如此一组一组地测试，把所有符合要求的数据都输出。实际上 a 的值由 3 变化到 9 即可（$a \leqslant n/2$），请思考为什么？

程序如下：
```
#include <iostream>
#include <cmath>
using namespace std;
int main( )
{void godbaha(int);
 int n;
 cout << "input n:";
 cin >> n;
 godbaha(n);            //调用 godbaha 函数，选出满足要求的组合
 return 0;
}
void godbaha(int n)
{int prime(int);
 int a,b;
```

```
    for(a=3;a<=n/2;a=a+2)           //a 由 3 变到 n/2(取其整数), 每次增值 2
      {if(prime(a))                 //调用 prime 函数, 如果 a 是素数则 prime(a) 的值为 1
        {b=n–a;                     //a 是素数, 应检查 b 是否为素数
         if (prime(b))              //如果 b 也是素数则输出结果
            cout << n << "=" << a << "+" << b << endl;
        }
      }
}
int prime(int m)                    //判别 m 是否为素数的函数
{int i,k=sqrt(m);
  for(i=2;i<=k;i++)
     if(m%i==0) break;
  if (i>k)      return 1;
  else          return 0;
}
```

运行结果：
input n:20↙
20=3+17
20=7+13

8．用递归方法求 n 阶勒让德多项式的值，递归公式为

$$p_n(x) = \begin{cases} 1 & (n=0) \\ x & (n=1) \\ ((2n-1) \cdot x - p_{n-1}(x) - (n-1) \cdot p_{n-2}(x))/n & (n \geqslant 1) \end{cases}$$

【解】
```
#include <iostream>
using namespace std;
int main( )
{int x,n;
  float p(int,int);
  cout << "input n & x:";
  cin >> n >> x;
  cout << "n=" << n << ",x=" << x << endl;;
  cout << "P" << n << "(x)=" << p(n,x) << endl;
  return 0;
}
float p(int n,int x)
  {if (n==0)
     return(1);
   else if (n==1)
     return(x);
   else
     return(((2*n–1)*x*p((n–1),x)–(n–1)*p((n–2),x))/n);
```

}

运行结果：

① input n & x:0 7↙
    n=0,x=7
    P0(7)=1

② input n & x:1 2↙
    n=1,x=2
    P1(2)=2

③ input n & x:3 4↙
    n=3,x=4
    P3(4)=154

9. Hanoi（汉诺）塔问题。这是一个经典的数学问题：古代有一个梵塔，塔内有 3 个座 A，B，C，开始时 A 座上有 64 个盘子，盘子大小不等，大的在下，小的在上（见图 4.1）。有一个老和尚想把这 64 个盘子从 A 座移到 C 座，但每次只允许移动一个盘子，

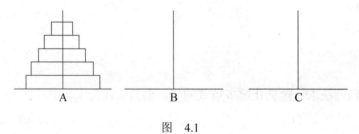

图 4.1

且在移动过程中在 3 个座上都始终保持大盘在下，小盘在上。在移动过程中可以利用 B 座，要求编程序打印出移动的步骤。

【解】 这是一个典型的递归问题，在许多书中都可以看到这个例子。希望读者对这个问题作比较深入的分析，通过此例更好地了解递归算法。

先分析解题思路：

如果盘子数量少，一般人是可以直接想出移动盘子的具体步骤的。例如只有两个盘子时，问题很简单。只须 3 步：

（1）A→B   将 A 座上最上面一个盘子移到 B 座
（2）A→C   将 A 座上最下面一个盘子移到 C 座
（3）B→C   将 B 座上的盘子移到 C

如果想将 3 个盘子从 A 座移到 C 座，需要 7 步：

（1）A→C
（2）A→B
（3）C→B
（4）A→C
（5）B→A
（6）B→C

（7）A→C

由上可见：如果盘子数为 n，则移动的步骤为 2^n-1。

请读者按上面的规律试验一下将 5 个盘子从 A 座移到 C 座，能否直接写出每一步骤？需要 2^5-1，即 31 步。对多数人来说，直接写出每一步骤是比较困难的。如果 $n=64$，需要 $2^{64}-1$ 个步骤，即 1.84467×10^{19} 个步骤。如果一秒钟移动一个盘子，需要 5.84942×10^{11} 年才能完成。所以有人说，当老和尚移完这 64 个盘子时，世界末日也到了。显然要事先直接想出移动盘子的每一步骤是超过人的智力的。必须采用另一种思路。

老和尚自然会这样想：既然我想不出怎样移动 64 个盘子的步骤，假如有另外一个和尚能有办法将 63 个盘子从一个座移到另一座。那么，问题就解决了。此时老和尚只须这样做：

（1）命令第 2 个和尚将 63 个盘子从 A 座移到 B 座；

（2）自己将 1 个盘子（最底下的、最大的盘子）从 A 座移到 C 座；

（3）再命令第 2 个和尚将 63 个盘子从 B 座移到 C 座。

至此，全部任务完成了。这就是递归方法。但是，有一个问题实际上未解决：第 2 个和尚怎样才能将 63 个盘子从 A 座移到 B 座？

为了解决将 63 个盘子从 A 座移到 B 座，第 2 个和尚又想：如果有人能将 62 个盘子从一个座移到另一座，我就能将 63 个盘子从 A 座移到 B 座，他是这样做的：

（1）命令第 3 个和尚将 62 个盘子从 A 座移到 C 座；

（2）自己将 1 个盘子从 A 座移到 B 座；

（3）再命令第 3 个和尚将 62 个盘子从 C 座移到 B 座。

再进行一次递归。如此"层层下放"，直到后来找到第 63 个和尚，让他完成将 2 个盘子从一个座移到另一座，进行到此，问题就接近解决了。最后找到第 64 个和尚，让他完成将 1 个盘子从一个座移到另一座，至此，全部工作都已落实，都是可以执行的。

可以看出，递归的结束条件是最后一个和尚只须移一个盘子。否则递归还要继续进行下去。

应当说明，只有第 64 个和尚的任务完成后，第 63 个和尚的任务才能完成。只有第 2～第 64 个和尚任务完成后，第 1 个和尚的任务才能完成。这是一个典型的递归的问题。

前面直接写出了移动 3 个盘子的步骤，现在用递归的方法来处理。将 A 座上 3 个盘子移到 C 座上的过程可以分解为以下 3 步：

（1）将 A 座上 2 个盘子移到 B 座上（借助 C）；

（2）将 A 座上 1 个盘子移到 C 座上；

（3）将 B 座上 2 个盘子移到 C 座上（借助 A）。

其中第 2 步可以直接实现。第 1 步又可用递归方法分解为：

（1）将 A 上 1 个盘子从 A 移到 C；

（2）将 A 上 1 个盘子从 A 移到 B；

（3）将 C 上 1 个盘子从 C 移到 B。

第 3 步可以分解为：

（1）将 B 上 1 个盘子从 B 移到 A 上；

（2）将 B 上 1 个盘子从 B 移到 C 上；

（3）将 A 上 1 个盘子从 A 移到 C 上。

将以上综合起来，就得到移动 3 个盘子的步骤为：

A→C，A→B，C→B，A→C，B→A，B→C，A→C。

由上面的分析可知：将 n 个盘子从 A 座移到 C 座可以分解为以下 3 个步骤：

（1）将 A 上 $n–1$ 个盘子借助 C 座先移到 B 座上。

（2）把 A 座上剩下的一个盘子移到 C 座上。

（3）将 $n–1$ 个盘子从 B 座借助于 A 座移到 C 座上。

上面第（1）步和第（3）步都是把 $n–1$ 个盘子从一个座移到另一个座上，采取的办法是一样的，只是座的名字不同而已。为使之一般化，可以将第（1）步和第（3）步表示为：

将 one 座上 $n–1$ 个盘子移到 two 座（借助 three 座）。只是在第（1）步和第（3）步中，one，two，three 和 A，B，C 的对应关系不同。对第（1）步，对应关系是 one—A，two—B，three—C。对第（3）步是 one—B，two—C，three—A。

因此，可以把上面 3 个步骤分成两类操作：

（1）将 $n–1$ 个盘子从一个座移到另一个座上（当 $n>1$ 时）。这就是大和尚让小和尚做的工作，它是一个递归的过程，即和尚将任务层层下放。

（2）将 1 个盘子从一个座上移到另一座上。这是大和尚自己做的工作。

下面编写程序。分别用两个函数实现以上的两类操作，用 hanoi 函数实现上面第 1 类操作（即模拟小和尚的任务），用 move 函数实现上面第 2 类操作（模拟大和尚自己移盘），函数调用 hanoi(n, one, two, three)表示将 n 个盘子从 one 座移到 three 座的过程（借助 two 座）。函数调用 move (x, y) 表示将 1 个盘子从 x 座移到 y 座的过程。x 和 y 是代表 A，B，C 座之一，根据每次不同情况分别以 A，B，C 代入。

程序如下：

```
#include <iostream>
using namespace std;
int main( )
{void hanoi(int n,char one,char two,char three);
 int m;
 cout << " input the number of disks:";
 cin >> m;
 cout << " The steps of moving " << m << " disks:" << endl;
 hanoi(m, 'A', 'B', 'C');
 return 0;
}
void hanoi(int n,char one,char two,char three)
         //将 n 个盘从 one 座借助 two 座移到 three 座
 {void move(char x,char y);
  if(n==1)   move(one,three);
  else
```

```
        {hanoi(n-1,one,three,two);
          move(one,three);
          hanoi(n-1,two,one,three);
        }
     }
  void move(char x,char y)
    {
     cout << x << "- ->" << y << endl;
    }
```

运行结果：

input the number of disks:4↙
The steps of moving 4 disks:
A→B
A→C
B→C
A→B
C→A
C→B
A→B
A→C
B→C
B→A
C→A
B→C
A→B
A→C
B→C

在本程序中 move 函数并未真正移动盘子，而只模拟移盘的过程，输出移盘的方案（从哪一个座移到哪一个座）。

10．用递归法将一个整数 n 转换成字符串。例如，输入 483，应输出字符串"483"。n 的位数不确定，可以是任意位数的整数。

【解】 设计一个函数 convert，用来将数值转换为字符。显然只能一个字符一个字符地转换，在调用此函数时先检查要转换的整数是否为个位数，如果是，就直接把它转换为字符输出，如果不是个位数，则将它除以 10，再调用 convert 函数，检查它是否为个位数，如果不是，再将它除以 10，再调用 convert 函数，直到得到个位数为止，此时把它转换为字符。

程序如下：

```
#include <iostream>
using namespace std;
int main( )
  {void convert(int n);
```

```
    int number;
    cout << "input an integer:";
    cin >> number;                        //输入一个整数
    cout << "output:" << endl;
    if (number<0)
      {cout << "-";
       number = -number;                  //如果是负数,把它变为正数再处理
      }
    convert(number);                      //调用 convert 函数
    cout << endl;
    return 0;
}
void convert(int n)
  {int i;
   char c;
   if ((i=n/10)!=0)                       //检查 n 是否为个位数
      convert(i);                         //如果不是,递归调用 convert 函数
   c= n%10+'0';
   cout << " " << c;
  }
```

假设输入的 number 的值为 345,主函数调用 convert 函数,形参 n 的值为 345,n 除以 10 得到商 34,故 n/10 不等于 0,再调用 convert 函数,此时实参为 i,而 i 的值为 34,将此值传给形参 n,在 convert 函数体中再将它除以 10,得 3,不等于 0,表明 34 不是个位数。再以 3 为实参调用 convert 函数,再将 3 除以 10,得 0,表明 3 是个位数,此时不再递归调用 convert 函数了,而是将数值 3 转换为字符 '3',然后输出字符 '3'。流程返回函数调用处,接着应执行 c = n%10 +'0';,此时 n=34,34%10(34 除以 10 后的余数)的值为 4,因此 c 的值为 '4',输出字符 '4'。流程再返回上一次函数调用处,此时 n=345,345%10 的值为 5,因此,输出字符 '5'。

运行结果:

input an integer:345✓
output:3 4 5

为清楚地表明输出的是字符而不是数值,在输出时在两个字符之间插入一个空格。如果给定的 number 是负数(如-345),则先输出一个'-',然后再执行上面的过程。

11. 用递归方法求

$$f(n) = \sum_{i=1}^{n} i^2$$

n 的值由主函数输入。

【解】 可以将求值的式子表示如下:

$$f(n) = 1 \qquad (n=1)$$

$$f(n) = f(n-1)+n*n \quad (n>1)$$

这就是递归公式。据此编写程序如下：

```cpp
#include <iostream>
using namespace std;
int main( )
{int f(int);
  int n,s;
  cout << "input the number n:";
  cin >> n;
  s=f(n);
  cout << "The result is " << s << endl;
  return 0;
}

int f(int n)
  {
    if (n==1)
        return 1;
    else
        return (n*n+f(n–1));
  }
```

运行结果：

input the number n:5↙
The result is 55

12．三角形的面积为

$$\text{area} = \sqrt{s \cdot (s-a) \cdot (s-b) \cdot (s-c)}$$

其中，$s = \frac{1}{2}(a+b+c)$，a，b，c 为三角形的三边。定义两个带参数的宏，一个用来求 s，另一个用来求 area。编写程序，在程序中用带实参的宏名来求面积 area。

【解】

```cpp
#include <iostream>
#include <cmath>
using namespace std;
#define S(a,b,c)    (a+b+c)/2
#define AREA(a,b,c) sqrt(S(a,b,c)*(S(a,b,c)–a)*(S(a,b,c)–b)*(S(a,b,c)–c))
int main( )
  {float a,b,c;
    cout << "input a,b,c:";
    cin >> a >> b >> c;
    if (a+b>c && a+c>b && b+c>a)
        cout << "area=" << AREA(a,b,c) << endl;
    else
```

```
        cout << "It is not a triangle!" << endl;
    return 0;
}
```

运行结果：

① input a,b,c:<u>3 4 5</u>✓
   area=6
② input a,b,c:<u>12 3 5</u>✓
   It is not a triangle!

第 5 章 数　　组

1. 用筛选法求 100 之内的素数。

【解】 所谓"筛选法"指的是"埃拉托色尼（Eratosthenes）筛选法"。他是古希腊的著名数学家。他采取的方法是：在一张纸上写上 1～1000 全部整数，然后逐个判断它们是否为素数，找出一个非素数，就把它挖掉，最后剩下的就是素数，见图 5.1。

①2 3④ 5⑥ 7⑧⑨⑩ 11⑫ 13⑭⑮⑯ 17⑱ 19⑳㉑㉒ 23㉔㉕㉖㉗
㉘ 29㉚ 31㉜㉝㉞㉟㊱ 37㊳㊴㊵ 41㊷ 43㊹㊺㊻ 47㊼㊽㊿ …

图　5.1

具体做法如下：

（1）先将 1 挖掉(因为 1 不是素数)。

（2）用 2 去除它后面的各个数，把能被 2 整除的数挖掉，即把 2 的倍数挖掉。

（3）用 3 去除它后面各数，把 3 的倍数挖掉。

（4）分别用 4、5…各数作为除数去除这些数以后的各数。这个过程一直进行到在除数后面的数已全被挖掉为止。例如在图 5.1 中找 1～50 的素数，要一直进行到除数为 47 为止（事实上，可以简化，如果需要找 1～n 范围内的素数表，只须进行到除数为 $\sqrt{n}$ （取其整数)即可。例如对 1～50，只须进行到将 7($\sqrt{50}$)作为除数即可。请读者思考为什么?）。

上面的算法可表示为：

（1）挖去 1；

（2）用下一个未被挖去的数 p 去除 p 后面各数，把 p 的倍数挖掉；

（3）检查 p 是否小于 n 的整数部分（如果 n=1000，则检查 p<31?），如果是，则返回（2）继续执行，否则就结束；

（4）纸上剩下的数就是素数。

用计算机解此题，可以定义一个数组 a，a[1]～a[n] 分别代表 1～n 这 n 个数，如果检查出数组 a 的某一元素的值是素数，就使它变为 0，最后剩下不为 0 的就是素数。

程序如下：

```
#include <iostream>
```

```cpp
#include <iomanip>
using namespace std;
#include <cmath>
int main( )
   {int i,j,n,a[101];                      //定义 a 数组包含 101 个元素
    for (i=1;i<=100;i++)                   //a[0]不用，只用 a[1]~a[100]
       a[i]=i;                             //使 a[1]~a[100]的值为 1~100
    a[1]=0;                                //先"挖掉"a[1]
    for (i=2;i<sqrt(100);i++)
       for (j=i+1;j<=100;j++)
          {if (a[i]!=0 && a[j]!=0)
              if (a[j]%a[i]==0)
                 a[j]=0;   }               //把非素数"挖掉"
    cout << endl;
    for (i=1,n=0;i<=100;i++)
       {if (a[i]!=0)                       //选出值不为 0 的数组元素，即素数
          {cout << setw(5) << a[i] << " "; //输出素数，宽度为 5 列
           n++;}                           //累计本行已输出的数据个数
        if(n==10)                          //输出 10 个数后换行
          {cout << endl;
           n=0;}
       }
    cout << endl;
    return 0;
   }
```

运行结果：

```
 2    3    5    7   11   13   17   19   23   29
31   37   41   43   47   53   59   61   67   71
73   79   83   89   97
```

2. 用选择法对 10 个整数排序。

【解】 选择排序的思路如下：

设有 10 个元素 a[1]~a[10]，将 a[1]与 a[2] ~a[10]比较，若 a[1]比 a[2]~a[10]都小，则不进行交换，即无任何操作。若 a[2]~a[10]中有一个以上比 a[1]小，则将其中最小的一个（假设为 a[i]）与 a[1]交换，此时 a[1]中存放了 10 个中最小的数。第二轮将 a[2]与 a[3]~a[10]比较，将剩下 9 个数中的最小者 a[i]与 a[2]对换，此时 a[2]中存放的是 10 个中第 2 小的数。依此类推，共进行 9 轮比较，a[1]~a[10] 就已按由小到大顺序存放。

程序如下：

```cpp
#include <iostream>
using namespace std;
int main( )
   {int i,j,min,temp,a[11];
```

```cpp
    cout << "enter data:" << endl;
    for (i=1;i<=10;i++)
      {cout << "a[" << i << "]=";
       cin >> a[i];                          //输入 10 个数
      }
    cout << endl << "The original numbers:" << endl;;
    for (i=1;i<=10;i++)
      cout << a[i] << " ";                   //输出这 10 个数
    cout << endl;;
    for (i=1;i<=9;i++)                       //以下 8 行是对 10 个数排序
      {min=i;
        for (j=i+1;j<=10;j++)
          if (a[min]>a[j])    min=j;
          temp=a[i];                         //以下 3 行将 a[i+1]~a[10]中最小者与 a[i]对换
          a[i]=a[min];
          a[min]=temp;
      }
    cout << endl << "The sorted numbers:" << endl;
    for (i=1;i<=10;i++)
      cout << a[i] << " ";                   //输出已排好序的 10 个数
    cout << endl;
    return 0;
}
```

运行结果：
enter data:
a[1]=36↙
a[2]=–9↙
a[3]=5↙
a[4]=6↙
a[5]=–1↙
a[6]=35↙
a[7]=34↙
a[8]=738↙
a[9]=18↙
a[10]=11↙

The original numbers:
36 –9 5 6 –1 35 34 738 18 11
The sorted numbers:
–9 –1 5 6 11 18 34 35 36 738

说明：定义 a 数组有 11 个元素，即 a[0]~a[10]，但实际上只对 a[1]~a[10]这 10 个元素输入值并排序。a[0]未用到，这样符合人们的习惯。

3．求一个3×3矩阵对角线元素之和。

【解】
```
#include <iostream>
using namespace std;
int main( )
  {int a[3][3],sum=0;
   int i,j;
   cout << "enter data:" << endl;;
   for (i=0;i<3;i++)
       for (j=0;j<3;j++)
           cin >> a[i][j];
   for (i=0;i<3;i++)
       sum=sum+a[i][i];
   cout << "sum=" << sum << endl;
   return 0;
   }
```

运行结果：
  enter ata:
 1 3 5 7 9 11 13 15 17↙
  sum=27

此程序中用的是整型数组，运行结果是正确的。如果用的是实型数组，只须将程序第 4 行的 int 改为 float 或 double 即可，在输入数据时可输入单精度或双精度的数。

4．有一个已排好序的数组，今输入一个数，要求按原来排序的规律将它插入数组中。

【解】假设数组 a 有 n 个元素，而且已按升序排列，在插入一数时按下面的方法处理：

（1）如果插入的数 num 比 a 数组最后一个数大，则将插入的数放在 a 数组末尾。

（2）如果插入的数 num 不比 a 数组最后一个数大，则将它依次和 a[0]～a[n−1]比较，直到出现 a[i]>num 为止，这时表示 a[0]～a[i−1] 各元素的值比 num 小，a[i]～a[n−1] 各元素的值比 num 大。num 理应插到 a[i−1]之后、a[i]之前。怎样才能实现此目的呢？将 a[i]～a[n−1]各元素向后移一个位置（即 a[i]变成 a[i+1]，……，a[n−1]变成 a[n]）。然后将 num 放在 a[i]中。

按此思路编写程序如下：
```
#include <iostream>
using namespace std;
int main( )
  {int a[11]={ 1 6 13 17 28 40 56 78 89 100};
   int num,i,j;
   cout << "array a:" << endl;
   for (i=0;i<10;i++)
       cout << a[i] << " ";
   cout << endl;;
   cout << "insert data:";
```

```
        cin >> num;
        if (num>a[9])
          a[10]=num;
        else
         {for (i=0;i<10;i++)
           {if (a[i]>num)
             {for (j=9;j>=i;j− −)
               a[j+1]=a[j];
              a[i]=num;
              break;
             }
           }
         }
        cout << "Now, array a:" << endl;
        for (i=0;i<11;i++)
           cout << a[i] << " ";
        cout << endl;
        return 0;
    }
```

运行结果：
array a:
1 6 13 17 28 40 56 78 89 100
insert data:15↙
Now,array a:
1 6 13 15 17 28 40 56 78 89 100

5．将一个数组中的值按逆序重新存放。例如，原来顺序为 8，6，5，4，1。要求改为 1，4，5，6，8。

【解】 解此题的思路是：以中间的元素为中心，将其两侧对称的元素的值互换即可。例如将 8 和 1 互换，将 6 和 4 互换。程序如下：

```
#include <iostream>
using namespace std;
int main( )
{ const int n=5;
  int a[n],i,temp;
  cout << "enter array a:" << endl;
  for (i=0;i<n;i++)
    cin >> a[i];
  cout << "array a:" << endl;
  for (i=0;i<n;i++)
    cout << a[i] << " ";
  for (i=0;i<n/2;i++)            //循环的作用是将对称的元素的值互换
    { temp=a[i];
```

```
            a[i]=a[n–i–1];
            a[n–i–1]=temp;
        }
    cout << endl << "Now,array a:" << endl;
    for (i=0;i<n;i++)
        cout << a[i] << " ";
    cout << endl;
    return 0;
}
```

运行结果：
enter array a:
9 8 7 6 5↙
array a:
9 8 7 6 5
Now, array a:
5 6 7 8 9

如果数组的大小改变，只须修改程序第 4 行即可。

6．打印出以下的杨辉三角形（要求打印出 10 行）。

1
1   1
1   2   1
1   3   3   1
1   4   6   4   1
1   5   10   10   5   1
⋮   ⋮   ⋮   ⋮   ⋮

【解】 杨辉三角形是 $(a+b)^n$ 展开后各项的系数。例如：

$(a+b)^0$ 展开后为　1　　　　　　　　　　系数为 1
$(a+b)^1$ 展开后为　$a+b$，　　　　　　　　系数为 1，1
$(a+b)^2$ 展开后为　$a^2+2ab+b^2$　　　　　系数为 1，2，1
$(a+b)^3$ 展开后为　$a^3+3a^2b+3ab^2+b^3$　　系数为 1，3，3，1
$(a+b)^4$ 展开后为　$a^4+4a^3b+6a^2b^2+4ab^3+b^4$　系数为 1，4，6，4，1

以上就是杨辉三角形的前 5 行。杨辉三角形各行的系数有以下规律：

（1）各行第一个数都是 1。

（2）各行最后一个数都是 1。

（3）从第 3 行起，除上面指出的第一个数和最后一个数外，其余各数是上一行中的同列和前一列两个数之和。例如第 4 行第 2 个数(3)是第 3 行第 2 个数(2)和第 3 行第 1 个数（1）之和。可以这样表示：a[i][j]=a[i–1][j]+a[i–1][j–1]。其中 i 为行数，j 为列数。

算法如下：

（1）使二维数组 a 第 1 列和对角线元素的值为 1；

（2）数组其他各元素的值为 a[i][j]=a[i-1][i-1]+a[i-1][i]；

（3）输出数组各元素的值。

程序如下：

```cpp
#include <iostream>
#include <iomanip>
using namespace std;
int main( )
   {const int n=11;
    int i,j,a[n][n];                         //数组为 11 行 11 列，0 行 0 列不用
    for (i=1;i<n;i++)
       {a[i][1]=1;                           //使第 1 列元素的值为 1；
        a[i][i]=1;                           //使对角线元素的值为 1；
       }
    for (i=3;i<n;i++)                        //从第 3 行开始处理
       for (j=2;j<=i-1;j++)
          a[i][j]=a[i-1][j-1]+a[i-1][j];
    for (i=1;i<n;i++)                        //输出数组各元素的值
       {for (j=1;j<=i;j++)
           cout << setw(6) << a[i][j] << " ";
        cout << endl;
       }
    cout << endl;
    return 0;
}
```

运行结果：

```
1
1     1
1     2     1
1     3     3     1
1     4     6     4     1
1     5    10    10     5     1
1     6    15    20    15     6     1
1     7    21    35    35    21     7     1
1     8    28    56    70    56    28     8     1
1     9    36    84   126   126    84    36     9     1
```

7．找出一个二维数组中的鞍点，即该位置上的元素在该行上最大，在该列上最小（也可能没有鞍点）。

【解】 一个二维数组最多有一个鞍点，也可能没有。解题思路是：先找出一行中值最大的元素，然后检查它是否该列中的最小值，如果是，则是鞍点（不需要再找别的鞍点了），输出该鞍点；如果不是，则再找下一行的最大数……如果每一行的最大数都不是鞍点，则此数组无鞍点。

程序如下：
```cpp
#include <iostream>
using namespace std;
int main( )
{ const int n=4,m=5;              //假设数组为4行5列
  int i,j,a[n][m],max,maxj;
  bool flag;
  for (i=0;i<n;i++)                //输入数组
    for (j=0;j<m;j++)
      cin >> a[i][j];
  for (i=0;i<n;i++)
    {max=a[i][0]; maxj=0;          //开始时假设a[i][0]最大，将列号(0)赋给maxj保存
      for (j=0;j<m;j++)            //找出第i行中的最大数
        if (a[i][j]>max)
          {max=a[i][j];            //将本行的最大数存放在max中
            maxj=j;                //将最大数所在的列号存放在maxj中
          }
      flag=true;                   //先假设是鞍点，用flag为真来代表
      for (int k=0;k<n;k++)
        if (max>a[k][maxj])        //将最大数和其同列元素相比
          {flag=false;             //如果max不是同列最小，表示不是鞍点，令flag为假
            continue;}
      if(flag)                     //如果flag为真，表示是鞍点
        {cout << "a[" << i << "][" << "[" << maxj << "]=" << max << endl;
                                   //输出鞍点的值和所在行列号
          break;
        }
    }
  if(!flag)                        //如果flag为假表示鞍点不存在
    cout << "It does not exist!" << endl;
  return 0;
}
```

运行结果：
① 1 2 3 4 5↵   (输入4行5列数据)
　2 4 6 8 10↵
　3 6 9 12 15↵
　4 8 12 16 20↵
　a[0][4]=5   (0行4列元素是鞍点，其值为5)
② 1 12 3 4 5↵   (输入4行5列数据)
　2 4 16 8 10↵
　3 6 9 12 15↵
　4 8 12 16 20↵
　It does not exist!   (无鞍点)

8. 有 15 个数按由大到小的顺序存放在一个数组中，输入一个数，要求用折半查找法找出该数是数组中第几个元素的值。如果该数不在数组中，则打印出"无此数"。

【解】 从一维数组中查一个数最简单的方法是从第 1 个数开始顺序查找，将要找的数与数组中的数一一比较，直到找到为止（如果数组中无此数，则应找到最后一个数，然后判定"找不到"）。

但这种"顺序查找法"效率低，如果表列中有 1000 个数，且要找的数恰恰是第 1000 个数，则要进行 999 次比较才能得到结果。平均比较次数为 500 次。

折半查找法是效率较高的一种方法。基本思路如下：

假如有已按由小到大排好序的 9 个数，a[1]~a[9]，其值分别为

1，3，5，7，9，11，13，15，17

若想查 3 是否在此数组中，可以先找出表列中居中的数，即 a[5]，将要找的数 3 与 a[5]比较，a[5]的值是 9，发现 a[5]>3，显然 3 应当在 a[1]~a[5] 范围内，而不会在 a[6]~a[9]范围内。这样就可以缩小查找范围，甩掉 a[6]~a[9]这一部分，即将查找范围缩小为一半。再找 a[1]~a[5]范围内的居中的数，即 a[3]，将要找的数 3 与 a[3]比较，a[3]的值是 5，发现 a[3]>3，显然 3 应当在 a[1]~a[3]范围内。这样又将查找范围缩小一半。再将 3 与 a[1]~a[3]范围内的居中的数 a[2]比较，发现要找的数 3 等于 a[2]，查找结束。一共比较了 3 次。如果表列中有 n 个数，则最多比较的次数为 int($\log_2 n$)+1。

程序如下：

```
#include <iostream>
using namespace std;
int main( )
{ const int n=7;
    int i,number,top,bott,mid,loca,a[n];
    bool flag=true,sign;
    char c;
    cout << "enter data:" << endl;;
    cin >> a[0];
    i=1;
    while(i<n)
      {cin >> a[i];
       if (a[i]>=a[i–1])
          i++;
       else
          cout << "enter this data again:";
      }
    cout << endl;
    for (i=0;i<n;i++)
        cout << a[i] << " ";
    cout << endl;
    while(flag)
      {cout << "input number to look for:";
```

```cpp
        cin >> number;
        sign=false;              //sign 为假表示尚未找到
        top=0;                   //top 是查找区间的起始位置
        bott=n-1;                //bott 是查找区间的最末位置
        if ((number<a[0])||(number>a[n-1]))  //要查的数不在查找区间内
           loca = -1;            //表示要查找的数不在正常范围内
        while ((!sign) && (top<=bott))
           {mid=(bott+top)/2;    //找出中间元素的下标
            if (number==a[mid])  //如果要查找的数正好等于中间元素
              {loca=mid;         //记下该下标
               cout << "Find " << number << ", its position is " << loca+1 << endl;
                           //由于下标从 0 算起, 而人们习惯从 1 算起, 因此输出数的位置时要加 1
               sign=true;        //表示找到了
              }
            else if (number<a[mid])   //如果要查找的数小于中间元素的值
              bott=mid-1;        //只须从下标为 0~mid-1 的范围中找
            else                 //如果要查找的数不小于中间元素的值
              top=mid+1;         //只须从下标为 mid+1~bott 的范围中找
           }
        if(!sign || loca == -1)  //sign 为假或 loca 等于-1, 意味着找不到
           cout << number << " has not found." << endl;;
        cout << "continu or not(Y/N)?";
        cin >> c;
        if (c=='N' || c=='n')
           flag=false;           //flag 为开关变量, 控制程序是否结束运行
       }
    return 0;
 }
```

运行结果:

```
    enter data:                  (输入数据)
    6 8 12 10↙                   (数据未按由小到大顺序输入)
    enter this data again:       (要求重新输入)
    23 34 44 45 56 57 58↙
    68 69 76 90 109↙
    6 8 12 23 34 44 45 56 57 58 68 69 76 90 109    (输出这 15 个数)
    input number to look for:7↙  (寻找 7)
    7 has not found.             (在数组中找不到 7)
    continueor not(Y/N)?y↙       (需要继续查找)
    input number to look for:12↙ (寻找 12)
    12, its position is 3        (12 是第 3 个数)
    continueor not(Y/N)?n↙       (不再继续查找)
    (运行结束)
```

9. 给出年、月、日,计算该日是该年的第几天。

【解】 主函数接收从键盘输入的日期,并调用 sum_day 函数和 leap 函数,sum_day 函数用来计算输入日期是本年的第几天。leap 函数返回是否是闰年的信息。

程序如下:

```cpp
#include <iostream>
using namespace std;
int main( )
{int sum_day(int,int);
  int leap(int year);
  int year,month,day,days;
  cout << "input date(year,month,day):";
  cin >> year >> month >> day;
  cout << year << "/" << month << "/" << day;
  days=sum_day(month,day);              //调用 sum_day 函数计算日期
  if(leap(year) && month>=3)            //若 year 是闰年,且月份在 3 月以后
      days=days+1;                      //days 多加 1 天
  cout << " is the " << days << "th day in this year." << endl;
  return 0;
}
int sum_day(int month,int day)          //计算日期
{int i;
  int day_tab[12]={31,28,31,30,31,30,31,31,30,31,30,31};
  for (i=0;i<month-1;i++)
    day+=day_tab[i];
  return(day);
}
int leap(int year)                      //判断 year 是否为闰年
{int leap;
  leap=year%4==0&&year%100!=0||year%400==0;
  return(leap);
}
```

运行结果:

input date(year,month,day):2005 10 1↙
2005/10/1 is the 274th day in this year.

sum_day 函数用来计算第几天,它的方法是:先按正常年份得到每月的天数。可以用数组 day_tab 表示每月的天数。在 sum_day 函数中定义 day_tab 数组:

int day_tab[12]={31, 28, 31, 30, 31, 30, 31, 31, 30, 31, 30, 31};

花括号中的 12 个数代表在正常年份中 12 个月每月的天数。C++数组的下标是从 0 开始的,数组第 1 个元素是 day_tab[0],第 12 个元素是 day_tab[11],12 个数组元素分别从花括号中的 12 个数获得初值。在 sum_day 函数中算出在正常年份时是第几天。在主

函数中对闰年3月以后的日子对应的days（天数）加1。

10．有一篇文章，共有3行文字，每行最多有80个字符。要求分别统计出其中英文大写字母、小写字母、数字、空格以及其他字符的个数。

【解】 程序如下：

```
#include <iostream>
using namespace std;
int main( )
{int i,j,upper,lower,digit,space,other;
 char text[3][80];
 upper=lower=digit=space=other=0;
 for (i=0;i<3;i++)
    {cout << "please input line " << i+1 << endl;
     gets(text[i]);
     for (j=0;j<80 && text[i][j]!='\0';j++)
       {if (text[i][j]>='A'&& text[i][j]<='Z')
           upper++;
        else if (text[i][j]>='a' && text[i][j]<='z')
            lower++;
        else if (text[i][j]>='0' && text[i][j]<='9')
             digit++;
        else if (text[i][j]==' ')
              space++;
        else
              other++;
       }
    }
 cout << "upper case:" << upper << endl;
 cout << "lower case:" << lower << endl;
 cout << "digit     :" << digit << endl;
 cout << "space     :" << space << endl;
 cout << "other     :" << other << endl;
 return 0;
}
```

运行结果：
please input line 1：
I am a boy.✓
please input line 2：
You are a girl;✓
please input line 3：
12+34=46✓
upper case : 2
lower case : 16
digit   : 6
space   : 6

other   : 4

说明：数组 text 的行号为 0~2，但在提示用户输入各行数据时，要求用户输入第 1 行，第 2 行，第 3 行，而不是第 0 行，第 1 行，第 2 行，这完全是为了照顾人们的习惯。为此，在程序第 6 行中输出行数时用 i+1，而不用 i。这样并不影响程序对数组的处理，程序其他地方数组的第 1 个下标值仍然是 0~2。

11．输出以下图案：

```
* * * * *
 * * * * *
  * * * * *
   * * * * *
    * * * * *
```

（1）用字符数组方法；
（2）用 string 方法。

【解】
（1）用字符数组方法，程序如下：

```cpp
#include <iostream>
using namespace std;
int main( )
{ char a[5]={'*','*','*','*','*'};
   int i,j,k;
   const char space=' ';
   for (i=0;i<5;i++)              //输出 5 行
    {cout << endl;                //输出每行前先换行
     cout << "    ";              //每行前面留 4 个空格
     for (j=1;j<=i;j++)
       cout << space;             //每行再留一个空格
     for (k=0;k<5;k++)
       cout << a[k];              //每行输出 5 个*号
    }
   cout << endl;
   return 0;
}
```

（2）用 string 方法，程序如下：

```cpp
#include <iostream>
#include <string>
using namespace std;
int main( )
{ string stars="*****";
   int i,j;
   for (i=0;i<5;i++)              //输出 5 行"*****"
    { cout << "    ";             //每行前面留 4 个空格
```

```
        for (j=1;j<=i;j++)
            cout << " ";                    //每行再插入 i 个空格
        cout << stars << endl;              //输出"*****"
    }
    return 0;
}
```

以上两个程序的运行结果如下：

```
*****
 *****
  *****
   *****
    *****
```

可以看出用 string 方法简单方便得多，应当尽量用 string 方法。

12．有一行电文，已按下面规律译成密码：

A→Z　a→z
B→Y　b→y
C→X　c→x
⋮　　⋮

即第 1 个字母变成第 26 个字母，第 i 个字母变成第（26 − i+1）个字母……非字母字符不变。要求编程序将密码译回原文，并打印出密码和原文。

【解】 可以定义一个数组 ch，在其中存放电文。如果字符 ch[j]是大写字母，则它是 26 个字母中的第（ch[j]− 64）个大写字母。例如，若 ch[j] 的值是大写字母 ' B'，它的 ASCII 码为 66，它应是字母表中第（66 − 64）个大写字母，即第 2 个字母。按密码规定应将它转换为第（26 − i+1）个大写字母，即第（26 − 2+1）=25 个大写字母。而 26 − i+1= 26 −(ch[j]− 64)+1=26+64 −ch[j]+1，即 91−ch[j]（如 ch[j]等于' B'，91−' B'=91−66=25，ch[j] 应将它转换为第 25 个大写字母）。该字母的 ASCII 码为 91− ch[j]+64，而 91−ch[j]的值为 25，因此 91−ch[j]+64=25+64=89，89 是' Y'的 ASCII 码。表达式 91− ch[j]+64 可以直接表示为 155−ch[j]。小写字母情况与此相似，但由于小写字母'a'的 ASCII 码为 97，因此处理小写字母的公式应改为 26+96 −ch[j]+1+96=123 −ch[j]+96=219 −ch[j]。例如，若 ch[j] 的值为' b'，则其交换对象为 219 −' b'=219 −98=121，它是' y'的 ASCII 码。

由于此密码的规律是对称转换，即第 1 个字母转换为最后 1 个字母，最后 1 个字母转换为第 1 个字母，因此从原文译为密码和从密码译为原文，都是用同一个公式。

程序如下：

（1）用字符数组方法

```
#include <iostream>
using namespace std;
int main( )
{int j,n;
```

```
    char ch[80],tran[80];
    cout << " input cipher code:";
    gets(ch);
    cout << "cipher code:" << ch << endl;
    j=0;
    while (ch[ j]!=' \0' )
    { if ((ch[ j]>='A') && (ch[ j]<='Z' ))        //判断是否为大写字母
         tran[j]=155–ch[ j];                       //字母转换
      else if ((ch[j]>='a' ) && (ch[ j]<='z' ))   //判断是否为小写字母
            tran[ j]=219–ch[ j];                   //字母转换
         else
            tran[ j]=ch[ j];                       //非字母不转换
      j++;
    }
    n=j;                                           //n 为电文中字符个数
    cout << "original text:";
    for (j=0;j<n;j++)
       putchar(tran[ j]);
    cout << endl;
    return 0;
}
```

运行结果：

input cipher code:R droo erhrg Xsrmz mvcg dvvp.↙   (输入电文)
cipher code : R droo erhrg Xsrmz mvcg dvvp.   (显示电文)
original text: I will visit China next week.   (译成原文)

（2）也可以不必定义两个字符数组，而只用一个字符数组。程序如下：

```
#include <iostream>
using namespace std;
int main( )
{int j,n;
  char ch[80];
  cout << "input cipher code:";
  gets(ch);
  cout << "cipher code:" << ch << endl;
  j=0;
  while (ch[j]!=' \0' )
    { if ((ch[j]>='A') && (ch[j]<='Z' ))
         ch[j]=155–ch[j];
      else if ((ch[j]>='a' ) && (ch[j]<='z' ))
         ch[j]=219–ch[j];
      else
         ch[j]=ch[j];
```

```
        j++;
      }
    n=j;
    cout << "original text:";
    for (j=0;j<n;j++)
       putchar(ch[j]);
    cout << endl;
    return 0;
  }
```

(3)用 string 方法

```
#include <iostream>
#include <string>
using namespace std;
int main( )
{int j;
  string ch=" I will visit China next week.",tran;
  tran=ch;                                             //使 tran 也占同样大小的存储单元
  cout << "cipher code:" << ch << endl;
  j=0;
  while (j<=ch.size( ))                                //用 ch.size( )测定 ch 的长度
  { if ((ch[j]>='A' ) && (ch[j]<='Z' ))
      tran[j]=155–ch[j];
    else if ((ch[j]>='a' ) && (ch[j]<='z' ))
      tran[j]=219–ch[j];
    else
      tran[j]=ch[j];
    j++;
  }
  cout << "original text:";
  cout << tran << endl;
  return 0;
}
```

说明：

① 字符串变量的长度(字符个数) 用函数 size( )测试。ch.size( ) 的值是字符串变量 ch 的长度，tran.size( )的值是字符串变量 tran 的长度。不能用 sizeof(ch)来测试 ch 的长度，也不能企图通过测试何时遇到' \0'的方法来测试 ch 的长度。

② 如果删去程序的第 7 行，程序运行出错。这是因为 tran 未被赋值，其中没有字符，因此无法执行类似 "tran[j]=155–ch[j];" 这样的语句。应先对它赋值，使之具有不少于 ch 所具有的字符数，才能正常运行。

③ 用 cin 输入字符串给字符串变量时，输入的字符中不能包括空格(遇空格就认为字符串结束)，因此在程序中在定义字符串变量 ch 时使之初始化，用双撇号包起来的字

符串中允许包括空格。

（4）也可以只用一个字符串变量 ch

```
#include <iostream>
#include <string>
using namespace std;
int main( )
{int j;
  string ch=" I will visit China next week.";
  cout << "cipher code:" << ch << endl;
  j=0;
  while (j<=ch.size( ))
   { if ((ch[j]>='A' ) && (ch[j]<='Z' ))
        ch[j]=155–ch[j];
     else if ((ch[j]>='a' ) && (ch[j]<='z' ))
        ch[j]=219–ch[j];
     j++;
   }
  cout << "original text:";
  cout << ch << endl;
  return 0;
}
```

在程序（3）和（4）中，是在定义字符串变量时使之初始化的，但是这样做使程序缺少灵活性（不同的电文不能用同一程序，必须修改程序）。最好还是采用键盘输入电文的方法。在学习指针以后可以用下面的程序。

（5）使用字符串变量，由键盘输入电文。程序如下：

```
#include <iostream>
#include <string>
using namespace std;
int main( )
  {int j;
    string ch="    ";              //ch 的初始值为若干个空格
    char *p=&ch[0];                //定义字符指针并使之指向 ch 的首字符
    cout << "input cipher code:";
    gets(p);                        //从键盘读入一行字符
    cout << "cipher code:" << ch << endl;
    j=0;
    while (j<=ch.size())
    { if ((ch[j]>='A' ) && (ch[j]<='Z' ))
         ch[j]=155–ch[j];
      else if ((ch[j]>='a' ) && (ch[j]<='z' ))
         ch[j]=219–ch[j];
      j++;
    }
```

```
        cout << "original text:";
        cout << ch << endl;
        return 0;
     }
```

  程序第 9 行"gets(p);"的作用是从键盘读入一行字符,送到指针变量 p 所指向的字节开始的存储空间(即字符串变量 ch)中去。读入的字符串可以包括空格。gets 函数要求参数为字符指针,因此应写成"gets(p);",而不应写成"gets(ch);"。细心的读者可能会发现本题的第(2)个程序中用了"gets(ch);",为什么可以呢?请注意:在该程序中 ch 是字符数组,而字符数组名 ch 代表数组首元素的地址(即指针),因此是合法的,而在程序(5)中,ch 不是字符数组,而是字符串变量,字符串变量名并不代表其首地址。

  13. 编写一程序,将两个字符串连接起来,结果取代第一个字符串。
  (1) 用字符数组,不用 strcat 函数(即自己编写一个具有 strcat 函数功能的函数);
  (2) 用标准库中的 strcat 函数;
  (3) 用 string 方法定义字符串变量。

【解】
(1) 用字符数组,不用 strcat 函数(即自己编写一个具有 strcat 函数功能的函数):

```cpp
#include <iostream>
using namespace std;
int main( )
{char s1[80],s2[40];
    int i=0,j=0;
    cout << "input string1:";
    cin >> s1;
    cout << "input string2:";
    cin >> s2;
    while (s1[i]!=' \0' )
       i++;
    while(s2[j]!=' \0' )
       s1[i++]=s2[j++];
    s1[i]=' \0';
    cout << "The new string is:" << s1 << endl;
    return 0;
}
```

运行结果:
input string1: week↙
input string2:end↙
The new string is:weekend

(2) 用标准库中的 strcat 函数
```cpp
#include <iostream>
using namespace std;
```

```
int main( )
{char s1[80],s2[40];
  cout << " input string1:";
  cin >> s1;
  cout << " input string2:";
  cin >> s2;
  strcat(s1,s2);
  cout << " The new string is:" << s1 << endl;
  return 0;
}
```

（3）用 string 方法定义字符串变量

```
#include <iostream>
#include <string>
using namespace std;
int main( )
{ string s1="week",s2="end";
  cout << "s1=" << s1 << endl;
  cout << "s2=" << s2 << endl;
  s1=s1+s2;
  cout << "The new string is:" << s1 << endl;
  return 0;
}
```

可见 3 种方法中以 string 方法的运算最为直观和简单。

14．输入 n 个字符串，将它们按字母由小到大的顺序排列并输出。

【解】 可以定义一个字符串数组，然后对字符串数组中的各元素排序。排序的方法有多种，今用起泡法排序。起泡排序法在教材第 5 章中有介绍，对字符串排序和对数值排序的方法是相同的。程序如下：

```
#include <iostream>
#include <string>
using namespace std;
int main( )
{ const int n=5;
  int i,j;
  string str[n],temp;
  cout << "please input strings:" << endl;
  for(i=0;i<n;i++)
      cin >> str[i];
  for(i=0;i<n–1;i++)
    for(j=0;j<n–i–1;j++)
      if(str[j]>str[j+1])
        {temp=str[j];str[j]=str[j+1];str[j+1]=temp;}
```

```
        cout << endl << "sorted strings:" << endl;
        for(i=0;i<n;i++)
            cout << str[i] << endl;
        return 0;
}
```

运行结果:
please input strings: (要求输入各字符串)
China✓
Japan✓
Canada✓
India✓
Korea✓

sorted strings: (已按要求排好序的字符串)

Canada
China
India
Japan
Korea

15. 输入 n 个字符串，把其中以字母 A 打头的字符串输出。

【解】 程序如下:
```
#include <iostream>
#include <string>
using namespace std;
int main( )
{ const int n=5;
    string str;
    for(int i=0;i<n;i++)
        {cout << "please input string:";
         cin >> str;
         if(str[0]=='A' )
            cout << str << endl;}
    return 0;
}
```

运行结果:
please input string   China✓   (输入一个字符串)
please input string: Again✓   (输入一个字符串)
Again   (字符串以'A'开头，输出此字符串)
please input string: program✓   (输入一个字符串)
please input string: Abort✓   (输入一个字符串)
Abort   (字符串以'A'开头，输出此字符串)

please input string: word↙　　　　　　　　　　　(输入一个字符串)

注意：字符串变量中字符的序号是从 0 开始的，程序第 10 行不应写成

if (str[1]=='A');

16．输入一个字符串，把其中的字符按逆序输出。如输入 LIGHT，则输出 THGIL。
（1）用字符数组方法；
（2）用 string 方法。

【解】　程序如下：
（1）用字符数组方法
#include <iostream>
using namespace std;
int main( )
{ const n=10;
　　int i;
　　char a[n],temp;
　　cout << "please input a string:";
　　for(i=0;i<n;i++)
　　　　cin >> a[i];
　　for(i=0;i<n/2;i++)
　　　　{temp=a[i]; a[i]=a[n–i–1]; a[n–i–1]=temp;}　//对称位置元素交换
　　for(i=0;i<n;i++)
　　　　cout << a[i];
　　cout << endl;
　　return 0;
}

运行结果：
please input a string:abcdefghij↙
jihgfedcba

（2）用 string 方法
#include <iostream>
#include <string>
using namespace std;
int main( )
{ string a;
　　int i,n;
　　char temp;
　　cout << "please input a string:";
　　cin >> a;
　　n=a.size( );　　　　　　　　　//计算字符串长度
　　for(i=0;i<n/2;i++)
　　　　{temp=a[i];a[i]=a[n–i–1];a[n–i–1]=temp;}

```
    cout << a << endl;
    return 0;
}
```

运行结果与（1）相同。

17. 输入 10 个学生的姓名、学号和成绩，将其中不及格者的姓名、学号和成绩输出。

【解】 程序如下：

```
#include <iostream>
#include <string>
using namespace std;
const int n=10;
string name[n];                    //定义姓名数组
int num[n],score[n];               //定义学号和成绩数组
int main( )
{int i;
 void input_data( );
 input_data( );
 cout << endl << "The list failed:" << endl;
 for(i=0;i<n;i++)
    if(score[i]<60)
       cout << name[i] << " " << num[i] << "   " << score[i] << endl;
 return 0;
}
void input_data( )
{int i;
 for (i=0;i<n;i++)
    {cout << "input name,number and score of student " << i+1 << ":";
     cin >> name[i] >> num[i] >> score[i];}
}
```

运行结果：

input name,number and score of student 1:Wang 101 78↙   (输入 10 个学生资料)
input name,number and score of student 2:Fun 102 67↙
input name,number and score of student 3:Tan 104 98↙
input name,number and score of student 4:Li 106 67↙
input name,number and score of student 5:Zheng 108 56↙
input name,number and score of student 6:Ling 110 77↙
input name,number and score of student 7:Chen 112 96↙
input name,number and score of student 8:Song 114 78↙
input name,number and score of student 9:Xue 116 99↙
input name,number and score of student 10:Zhang 118 50↙

The list failed: (输出不及格学生名单)
Zheng 108 56
Zhang 118 50

第6章 指 针

本章习题要求用指针或引用方法处理。

1. 输入 3 个整数，按由小到大的顺序输出。

【解】
```
#include <iostream>
using namespace std;
int main( )
{void swap(int *p1,int *p2);
 int n1,n2,n3;
 int *p1,*p2,*p3;
 cout<<"input three integers n1,n2,n3:";
 cin>>n1>>n2>>n3;
 p1=&n1;
 p2=&n2;
 p3=&n3;
 if(n1>n2) swap(p1,p2);
 if(n1>n3) swap(p1,p3);
 if(n2>n3) swap(p2,p3);
 cout<<"Now,the order is:"<<n1<<" "<<n2<<" "<<n3<<endl;
 return 0;
}
 void swap(int *p1,int *p2)
 {int p;
    p=*p1; *p1=*p2; *p2=p;
 }
```

运行结果：
input three integers n1,n2,n3:<u>54 –12 2</u>↙
Now,the order is:–12 2 54

2. 输入 3 个字符串，按由小到大的顺序输出。

【解】

(1)用字符数组方法
```cpp
#include <iostream>
#include <cstring>
using namespace std;
int main( )
{void swap(char *,char *);
  char str1[20],str2[20],str3[20];
  cout<<"input three line:"<<endl;
  gets(str1);
  gets(str2);
  gets(str3);
  if(strcmp(str1,str2)>0)    swap(str1,str2);
  if(strcmp(str1,str3)>0)    swap(str1,str3);
  if(strcmp(str2,str3)>0)    swap(str2,str3);
  cout<<endl<<"Now,the order is:"<<endl;
  cout<<str1<<endl<<str2<<endl<<str3<<endl;
  return 0;
}
  void swap(char *p1,char *p2)           //交换两个字符串
  {char p[20];
    strcpy(p,p1);strcpy(p1,p2);strcpy(p2,p);
  }
```

运行结果：
input three line:
I study very hard.✓
C language is very interesting.✓
He is a professfor.✓

Now,the order is:
C language is very interesting.
He is a professfor.
I study very hard.

(2)用string方法，程序中使用了指针和引用
```cpp
#include <iostream>
#include <string>
using namespace std;
int main( )
  {void change(string &,string &);
   string str1="                                    ",
       str2="                                    ",
       str3="                                    ";
```

```
        char *p1=&str1[0],*p2=&str2[0],*p3=&str3[0];
        cout<<"input three line:"<<endl;
        gets(p1);
        gets(p2);
        gets(p3);
        if(str1>str2)change(str1,str2);
        if(str1>str3)change(str1,str3);
        if(str2>str3)change(str2,str3);
        cout<<endl<<"Now,the order is:"<<endl;
        cout<<str1<<endl<<str2<<endl<<str3<<endl;
        return 0;
    }
    void change(string &st1,string &st2)         //交换两个字符串。形参为引用变量
    {string st;
      st=st1;st1=st2;st2=st;
    }
```

运行结果与（1）相同。

3．输入 10 个整数，将其中最小的数与第一个数对换，把最大的数与最后一个数对换。编写 3 个函数：①输入 10 个数；②进行处理；③输出 10 个数。

【解】
```
#include <iostream>
using namespace std;
int main( )
{ void input(int *number);
  void max_min_value(int *number);
  void output(int *number);
  int number[10];
  input(number);                            //调用输入 10 个数的函数
  max_min_value(number);                    //调用交换函数
  output(number);                           //调用输出函数
  return 0;
}
  void input(int *number)                   //输入 10 个数的函数，形参 number 为指针变量
  {int i;
   cout<<"input 10 numbers:";
   for (i=0;i<10;i++)
      cin>>number[i];
  }
  void max_min_value(int *number)           //交换函数
  { int *max,*min,*p,temp;
    max=min=number;                         //使 max 和 min 都指向 number[0]
    for (p=number+1;p<number+10;p++)
      if (*p>*max) max=p;                   //将大数地址赋给 max
```

```
        else if (*p<*min) min=p;                      //将小数地址赋给 min
      temp=number[0];number[0]=*min;*min=temp;        //将最小数与第一个数交换
      if (max::number)    max=min;                    //如果第一个数刚好是最大数，则使 max 指向该最大数
      temp=number[9];number[9]=*max;*max=temp;        //将最大数与最后一个数交换
    }
  void output(int *number)                            //输出函数
    {int *p;
      cout<<"now,they are:         ";
      for (p=number;p<number+10;p++)
        cout<<*p<<" ";
      cout<<endl;
      return;
    }
```

运行结果：

input 10 numbers:<u>84 72 45 67 81 19 96 64 42 83</u>↙

Now,they are: 19 72 45 67 81 84 83 64 42 96

4．有 n 个整数，使前面各数顺序向后移 m 个位置，最后 m 个数变成最前面 m 个数，见图 6.1。写一函数实现以上功能，在主函数中输入 n 个整数，输出调整后的 n 个数。

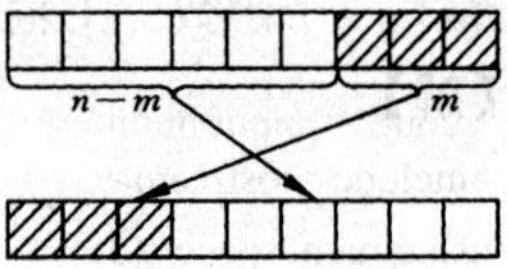

【解】 程序如下：

```
#include <iostream>
using namespace std;
int main( )
{void move(int *,int,int);
 int number[20],n,m,i;
  cout<<" how many numbers?";             //询问共有多少个数
  cin>>n;
  cout<<" input "<<n<<" numbers:"<<endl;   //要求输入 n 个数
  for (i=0;i<n;i++)
    cin>>number[i];
  cout<<" how many places do you want move?";  //询问后移多少个位置
  cin>>m;
  move(number,n,m);                       //调用 move 函数
  cout<<" Now,they are:"<<endl;
  for (i=0;i<n;i++)
    cout<<number[i]<<" ";
  cout<<endl;
  return 0;
}
void move(int *array,int n,int m)         //使循环后移一次的函数
 {int *p,array_end;
   array_end=*(array+n–1);
   for (p=array+n–1;p>array;p--)
```

图 6.1

```
        *p=*(p –1);
      *array=array_end;
      m--;
      if (m>0) move(array,n,m);        //递归调用,当循环次数 m 减至为 0 时,停止调用
   }
```

运行结果：
how many numbers?9↙
input 8 numbers:
12 43 -34 65 67 8 2 7 11↙
how many places do you want move?3↙
Now,they are:
2 7 11 12 43 –34 65 67 8

5．有 *n* 个人围成一圈，顺序排号。从第 1 个人开始报数（从 1～3 报数），凡报到 3 的人退出圈子，问最后留下的人原来排在第几号。

【解】 程序如下：
```
#include <iostream>
using namespace std;
int main( )
{int i,k,m,n,num[50],*p;
   cout<<"input number of person: n=";
   cin>>n;
   p=num;
   for (i=0;i<n;i++)
      *(p+i)=i+1;              //以 1 至 n 为序给每个人编号
   i=0;                        // i 为每次循环时计数变量
   k=0;                        // k 为按 1,2,3 报数时的计数变量
   m=0;                        // m 为退出人数
   while (m<n–1)               //当退出人数比 n–1 少时（即未退出人数大于 1 时)执行循环体
   {if (*(p+i)!=0)   k++;
      if (k==3)                //将退出的人的编号置为 0
         {*(p+i)=0;
          k=0;
          m++;
         }
      i++;
      if (i==n) i=0;           //报数到尾后, i 恢复为 0
   }
   while(*p==0) p++;
   cout<<"The last one is NO."<<*p<<endl;
   return 0;
}
```

运行结果：

input number of person: n=8↙
The last one is NO.7   (最后留在圈子内的是 7 号)

6．编写一函数，求一个字符串的长度。在 main 函数中输入字符串，并输出其长度。

【解】 程序如下：
```
#include <iostream>
using namespace std;
int main( )
{int length(char *p);
 int len;
 char str[20];
 cout<<"input string:";
 cin>>str;
 len=length(str);
 cout<<"The length of string is "<<len<<"."<<endl;
 return 0;
}
int length(char *p)                 //求字符串长度的函数
{int n;
 n=0;
 while (*p!='\0' )
   {n++;
    p++;
   }
 return(n);
}
```

运行结果：
input string: Beijing↙
The length of string is 7.

7．有一字符串，包含 n 个字符。编写一函数，将此字符串中从第 m 个字符开始的全部字符复制成为另一个字符串。

【解】 程序如下：
```
#include <iostream>
using namespace std;
int main( )
{void copystr(char *,char *,int);
 int m;
 char str1[20],str2[20];
 cout<<"input string:";
 gets(str1);
 cout<<"which character do you want begin to copy?";
 cin>>m;
 if (strlen(str1)<m)
```

```
          cout<<"input error!"<<endl;
       else
         {copystr(str1,str2,m);
            cout<<"result:"<<str2<<endl;
         }
       return 0;
    }
    void copystr(char *p1,char *p2,int m)          //字符串部分复制函数
    {int n;
     n=0;
     while (n<m−1)
       {n++;
        p1++;
       }
     while (*p1!=' \0' )
       {*p2=*p1;
         p1++;
         p2++;
       }
     *p2=' \0';
    }
```

运行结果：

input string: countryside↙
which character do you want begin to copy? 8↙
result: side

8．输入一行文字，找出其中大写字母、小写字母、空格、数字以及其他字符各有多少。

【解】　程序如下：

```
#include <iostream>
using namespace std;
int main( )
{int upper=0,lower=0,digit=0,space=0,other=0,i=0;
 char *p,s[20];
 cout<<"input string:";
 while ((s[i]=getchar( ))!=' \n' ) i++;
 p=&s[0];
 while (*p!=' \n' )
   {if (('A'<=*p) && (*p<=' Z' ))
        ++upper;
    else if (('a'<=*p) && (*p<='z' ))
         ++lower;
       else if (*p==' ' )
```

```
                ++space;
            else if ((*p<='9' ) && (*p>='0' ))
                ++digit;
            else
                ++other;
        p++;
    }
    cout<<"upper case:"<<upper<<endl<<"lower case:"<<lower<<endl;
    cout<<"space:"<<space<<endl<<"digit:"<<digit<<endl<<"other:"<<other<<endl;
    return 0;
}
```

运行结果：
input string:Today is 2012/1/1↙
upper case:1
lower case:6
space:2
digit:6
other:2

9．编写一函数，将一个 3×3 的整型矩阵转置。

【解】　程序如下：
```
#include <iostream>
using namespace std;
int main( )
{void move(int *);
 int a[3][3],*p,i;
 cout<<"input matrix:"<<endl;
 for (i=0;i<3;i++)
    cin>>a[i][0]>>a[i][1]>>a[i][2];           //输入一行的 3 个元素
 p=&a[0][0];
 move(p);
 cout<<"Now,matrix:"<<endl;
 for (i=0;i<3;i++)
    cout<<a[i][0]<<" "<<a[i][1]<<" "<<a[i][2]<<endl;
 cout<<endl;
 return 0;
}
    void move(int *pointer)
    {int i,j,t;
     for (i=0;i<3;i++)
        for (j=i;j<3;j++)
           {t=*(pointer+3*i+j);
            *(pointer+3*i+j)=*(pointer+3*j+i);
            *(pointer+3*j+i)=t;
```

        }
    }

运行结果：
input matrix:
1 2 3✓
4 5 6✓
7 8 9✓
Now,matrix:
1 4 7
2 5 8
3 6 9

说明：a 是二维数组，p 和形参 pointer 是指向整型数据的指针变量，p 指向数组 0 行 0 列元素 a[0][0]。在调用 move 函数时，将实参 p 的值&a[0][0]传递给形参 pointer，在 move 函数中将 a[i][j]与 a[j][i]的值互换。由于 a 数组的大小是 3×3，而数组元素是按行排列的，因此 a[i][j]在 a 数组中是第(3×i+j)个元素，例如 a[2][1]是数组中第(3×2+1)个元素，即第 7 个元素（序号从 0 算起）。a[i][j]的地址是(pointer+3*i+j)，同理，a[j][i]的地址是(pointer+3*j+i)。将 *(pointer+3*i+j)和 *(pointer+3*j+i)互换，就是将 a[i][j]和 a[j][i]互换。

10. 将一个 5×5 的矩阵中最大的元素放在中心，4 个角分别放 4 个最小的元素（按从左到右、从上到下顺序依次从小到大存放），编写一函数来实现。用 main 函数调用。

【解】 程序如下：
```
#include <iostream>
using namespace std;
int main( )
{void change(int *p);
  int a[5][5],*p,i,j;
  cout<<"input matrix:"<<endl;
  for (i=0;i<5;i++)                         //输入矩阵
    for (j=0;j<5;j++)
      cin>>a[i][j];
  p=&a[0][0];                               //使 p 指向 0 行 0 列元素
  change(p);                                //调用函数，实现交换
  cout<<"Now,matrix:"<<endl;
  for (i=0;i<5;i++)                         //输出已交换的矩阵
   {for (j=0;j<5;j++)
      cout<<a[i][j]<<" ";
    cout<<endl;
   }
  return 0;
}
void change(int *p)                         //交换函数
```

```
{int i,j,temp;
 int *pmax,*pmin;
 pmax=p;
 pmin=p;
 for (i=0;i<5;i++)                    //找最大值和最小值的地址,并赋给 pmax,pmin
    for (j=i;j<5;j++)
     {if (*pmax<*(p+5*i+j)) pmax=p+5*i+j;
      if (*pmin>*(p+5*i+j)) pmin=p+5*i+j;
     }
 temp=*(p+12);                        //将最大值与中心元素互换
 *(p+12)=*pmax;
 *pmax=temp;
 temp=*p;                             //将最小值与左上角元素互换
 *p=*pmin;
 *pmin=temp;
 pmin=p+1;
     //将 a[0][1]的地址赋给 pmin,从该位置开始找最小的元素
 for (i=0;i<5;i++)                    //找第二最小值的地址赋给 pmin
    for (j=0;j<5;j++)
     if  (((p+5*i+j)!=p) && (*pmin > *(p+5*i+j))) pmin=p+5*i+j;
 temp=*pmin;                          //将第二最小值与右上角元素互换
 *pmin=*(p+4);
 *(p+4)=temp;
 pmin=p+1;
 for (i=0;i<5;i++)                    //找第三最小值的地址赋给 pmin
    for (j=0;j<5;j++)
     if(((p+5*i+j)!=(p+4)) && ((p+5*i+j)!=p) &&(*pmin>*(p+5*i+j))) pmin=p+5*i+j;
 temp=*pmin;                          //将第三最小值与左下角元素互换
 *pmin=*(p+20);
 *(p+20)=temp;

 pmin=p+1;
 for (i=0;i<5;i++)                    //找第四最小值的地址赋给 pmin
    for (j=0;j<5;j++)
     if(((p+5*i+j)!=p)&&((p+5*i+j)!=(p+4))&&((p+5*i+j)!=(p+20))&& *pmin>*(p+5*i+j)))
         pmin=p+5*i+j;
 temp=*pmin;                          //将第四最小值与右下角元素互换
 *pmin=*(p+24);
 *(p+24)=temp;
}
```

运行结果:
input matrix:
35 34 33 32 31↙
30 29 28 27 26↙

25 24 23 22 21↵
20 19 18 17 16↵
15 14 13 12 11↵

Now, matrix:

11 34 33 32 12
30 29 28 27 26
25 24 35 22 21
20 19 18 17 16
13 23 15 31 14

说明：程序中用 change 函数来实现题目所要求的元素值的交换。分为以下几个步骤：

（1）找出全部元素中的最大值和最小值，将最大值与中心元素互换，将最小值与左上角元素互换。中心元素的地址为 p+12（该元素是数组中的第 12 个元素，序号从 0 算起）。

（2）找出全部元素中的次小值。由于最小值已找到并放在 a[0][0]中，因此，在这一轮的比较中应不包括 a[0][0]，在其余 24 个元素中值最小的，就是全部元素中的次小值。在双重 for 循环中应排除 a[0][0]参加比较。在 if 语句中，只有满足条件((p+5*i+j)!=p)才进行比较。不难理解，(p+5*i+j)就是&a[i][j]，p 的值是&a[0][0]。((p+5*i+j)!=p)意味着在 i 和 j 的当前值条件下&a[i][j]不等于&a[0][0]才满足条件，这样就排除了 a[0][0]。因此执行双重 for 循环后得到次小值，并将它与右上角元素互换。右上角元素的地址为 p+4。

（3）找出全部元素中的第三最小值。此时 a[0][0]和 a[0][4]（即左上角和右上角元素）不应参加比较。可以看到：在 if 语句中规定，只有满足条件((p+5*i+j)!=p) && ((p+5*i+j)!=(p+4))才进行比较。((p+5*i+j)!=p)的作用是排除 a[0][0]，((p+5*i+j)!=(p+4))的作用是排除 a[0][4]。(p+5*i+j) 是&a[i][j]，(p+4)是&a[0][4]，即右上角元素的地址。满足((p+5*i+j)!=(p+4))条件意味着排除了 a[0][4]。执行双重 for 循环后得到除了 a[0][0]和 a[0][4]之外的最小值，也就是全部元素中的第三最小值，将它与左下角元素互换。左下角元素的地址为 p+20。

（4）找出全部元素中的第四最小值。此时 a[0][0]、a[0][4] 和 a[4][0] (即左上角、右上角和左下角元素)不应参加比较。在 if 语句中规定，只有满足条件((p+5*i+j)!=p)&&((p+5*i+j)!=(p+4))&&((p+5*i+j)!=(p+20))才进行比较。((p+5*i+j)!=p)和((p+5*i+j)!=(p+4))的作用前已说明，((p+5*i+j)!=(p+20))的作用是排除 a[4][0]，理由与前面介绍的是类似的。执行双重 for 循环后得到除了 a[0][0]、a[0][4] 和 a[4][0] 以外的最小值，也就是全部元素中的第四最小值，将它与右下角元素互换。右下角元素的地址为 p+24。

上面所说的元素地址是指以元素为单位的地址，p+24 表示从指针 p 当前位置向前移动 24 个元素的位置。如果用字节地址表示的话，上面右下角元素的字节地址应为 p+4*24，其中 4 是整型数据所占的字节数。

还可以改写上面的 if 语句，change 函数可以改写如下：

```
void change(int *p)              //交换函数
```

```
{int i,j,temp;
 int *pmax,*pmin;
 pmax=p;
 pmin=p;
 for (i=0;i<5;i++)                    //找最大值和最小值的地址，并赋给 pmax，pmin
   for (j=i;j<5;j++)
     {if (*pmax<*(p+5*i+j)) pmax=p+5*i+j;
      if (*pmin>*(p+5*i+j)) pmin=p+5*i+j;
     }
 temp=*(p+12);                        //将最大值与中心元素互换
 *(p+12)=*pmax;
 *pmax=temp;


 temp=*p;                             //将最小值与左上角元素互换
 *p=*pmin;
 *pmin=temp;


 pmin=p+1;
   //将 a[0][1]的地址赋给 pmin，从该位置开始找最小的元素
 for (i=0;i<5;i++)                    //找第二最小值的地址赋给 pmin
   for (j=0;j<5;j++)
     {if(i==0 && j==0) continue;      //当 i=0 和 j=0 时跳过下面的 if 语句
      if  (*pmin > *(p+5*i+j)) pmin=p+5*i+j;
     }
 temp=*pmin;                          //将第二最小值与右上角元素互换
 *pmin=*(p+4);
 *(p+4)=temp;


 pmin=p+1;
 for (i=0;i<5;i++)                    //找第三最小值的地址赋给 pmin
   for (j=0;j<5;j++)
     {if((i==0  && j==0) ||(i==0  && j==4)) continue;
                   //当(i=0 和 j=0) 或(i=0 和 j=4)时跳过下面的 if 语句
      if(*pmin>*(p+5*i+j)) pmin=p+5*i+j;
     }
 temp=*pmin;                          // 将第三最小值与左下角元素互换
 *pmin=*(p+20);
 *(p+20)=temp;


 pmin=p+1;
 for (i=0;i<5;i++)                    // 找第四最小值的地址赋给 pmin
   for (j=0;j<5;j++)
     {if ((i==0  && j==0) ||(i==0  && j==4)||(i==4  && j==0)) continue;
          //当(i=0 和 j=0) 或(i=0 和 j=4) 或(i=4 和 j=0)时跳过下面的 if 语句
```

```
            if (*pmin>*(p+5*i+j)) pmin=p+5*i+j;
       }
    temp=*pmin;                    //将第四最小值与右下角元素互换
    *pmin=*(p+24);
    *(p+24)=temp;
 }
```

这种写法可能更易为一般读者理解。

11. 在主函数中输入 10 个等长的字符串。用另一函数对它们排序。然后在主函数输出这 10 个已排好序的字符串。

【解】
（1）用字符型二维数组
```
#include <iostream>
using namespace std;
int main( )
{void sort(char s[][6]);
 int i;
 char str[10][6];
 cout<<"input 10 strings:"<<endl;
 for (i=0;i<10;i++)
    cin>>str[i];
 sort(str);
 cout<<"Now,the sequence is:"<<endl;
 for (i=0;i<10;i++)
    cout<<str[i]<<endl;
 return 0;
}
void sort(char s[][6])
{int i,j;
 char *p,temp[10];
 p=temp;
 for (i=0;i<9;i++)
   for (j=0;j<9-i;j++)
     if (strcmp(s[j],s[j+1])>0)
       {strcpy(p,s[j]);
        strcpy(s[j],s[j+1]);
        strcpy(s[j+1],p);
       }
}
```

运行结果：
input 10 strings:
China↙
Japan↙

Korea✓
Egypt✓
Nepal✓
Burma✓
Ghana✓
Sudan✓
Italy✓
Libya✓
Now,the sequence is:
Burma
China
Egypt
Ghana
Italy
Japan
Korea
Libya
Nepal
Sudan

（2）用指向一维数组的指针作函数参数

```
#include <iostream>
using namespace std;
int main( )
{void sort(char (*p)[6]);
 int i;
 char str[10][6];
 char (*p)[6];                    //p 是指向由 6 个元素组成的一维数组的指针
 cout<<"input 10 strings:"<<endl;
 for (i=0;i<10;i++)
    cin>>str[i];
 p=str;                           //p 指向二维数组 str 的 0 行元素
 sort(p);
 cout<<"Now,the sequence is:"<<endl;
 for (i=0;i<10;i++)
     cout<<str[i]<<endl;
 return 0;
}

void sort(char (*s)[6])           //形参 q 是指向由 6 个元素组成的一维数组的指针
{int i,j;
 char temp[6],*t=temp;
 for (i=0;i<9;i++)
    for (j=0;j<9-i;j++)
```

```
          if (strcmp(s[j],s[j+1])>0)
            {strcpy(t,s[j]);              //以下3行的作用是将s[j]指向的一维数组的内容
             strcpy(s[j],s[+j+1]);        //与s[j+1]指向的一维数组的内容互换
             strcpy(s[j+1],t);
            }
 }
```

（3）用 string 数组

```
#include <iostream>
#include <string>
using namespace std;
int main( )
{void sort(string *);
  int i;
  string str[10],*p=str;       //str 为 string 型数组, p 为指向 string 型变量的指针
  cout<<"input 10 strings:"<<endl;
  for (i=0;i<10;i++)
     cin>>str[i];
  sort(p);
  cout<<"Now,the sequence is:"<<endl;
  for (i=0;i<10;i++)
     cout<<str[i]<<endl;
  return 0;
}

void sort(string *s)           //形参为指向 string 型变量的指针
{int i,j;
  string temp;
  for (i=0;i<9;i++)
    for (j=0;j<9-i;j++)
       if (s[j]>s[j+1])
         {temp=s[j];
          s[j]=s[+j+1];
          s[j+1]=temp;
         }
}
```

12．用指针数组处理第 11 题，字符串不等长。

【解】　程序如下：

```
#include <iostream>
using namespace std;
int main( )
{void sort(char *[ ]);
  int i;
```

```
    char *p[10],str[10][20];       //p 为指针数组,有 10 个元素
    for (i=0;i<10;i++)
        p[i]=str[i];               //将第 i 个字符串的首地址赋予指针数组 p 的第 i 个元素
    cout<<"input 10 strings:"<<endl;
    for (i=0;i<10;i++)
        cin>>p[i];
    sort(p);
    cout<<"Now,the sequence is:"<<endl;
    for (i=0;i<10;i++)
        cout<<p[i]<<endl;
    return 0;
}
void sort(char *s[ ])
{int i,j;
 char *temp;
 for (i=0;i<9;i++)
     for (j=0;j<9–i;j++)
         if (strcmp(*(s+j),*(s+j+1))>0)
             {temp=*(s+j);
              *(s+j)=*(s+j+1);
              *(s+j+1)=temp;
             }
}
```

运行结果同第 11 题。

13．写一个用矩形法求定积分的通用函数,分别求 $\int_0^1 \sin x\,dx$,$\int_{-1}^1 \cos x\,dx$,$\int_0^2 e^x\,dx$ (说明：sin,cos,exp 已在系统的数学函数库中,程序开头要用#include <cmath>)。

【解】 可以看出：每次需要求定积分的函数是不一样的。可以编写一个求定积分的通用函数 integral,它有 3 个形参：下限 a、上限 b,以及指向函数的指针变量 fun。函数原型可写为

　　　　float integral (float a, float b, float (*fun)( ));

先后调用 integral 函数 5 次,每次调用时把 a,b 以及 sin,cos,exp 之一作为实参,把上限、下限以及有关函数的入口地址传送给形参 fun。在执行 integral 函数过程中求出定积分的值。根据以上思路,编写出程序。

```
#include <iostream>
#include <cmath>
using namespace std;
int main( )
{float integral(float (*p)(float),float a,float b,int n);   //对 integral 函数作声明
 float fsin(float);                                          //对 fsin 函数作声明
 float fcos(float);                                          //对 fcos 函数作声明
```

```
float fexp(float);                                    //对 fexp 函数作声明
float a1,b1,a2,b2,a3,b3,c,(*p)(float);
int n=20;
cout<<"input a1,b1:";                                 //输入求 sin(x) 定积分的下限和上限
cin>>a1>>b1;
cout<<"input a2,b2:";                                 //输入求 cos(x) 定积分的下限和上限
cin>>a2>>b2;p
cut<<"input a3,b3:";                                  //输入求 e^x 定积分的下限和上限
cin>>a3>>b3;
p=fsin;
c=integral(p,a1,b1,n);                                //求出 sin(x)的定积分
cout<<"The integral of sin(x) is :"<<c<<endl;
p=fcos;
c=integral(p,a2,b2,n);                                //求出 cos(x)的定积分
cout<<"The integral of cos(x) is :"<<c<<endl;;
p=fexp;
c=integral(p,a3,b3,n);                                //求出 e^x 的定积分
cout<<"The integral of exp(x) is :"<<c<<endl;
return 0;
}

float integral(float (*p)(float),float a,float b,int n)   //用矩形法求定积分的通用函数
{int i;
 float x,h,s;
 h=(b–a)/n;
 x=a;
 s=0;
 for (i=1;i<=n;i++)
    {x=x+h;
     s=s+(*p)(x)*h;
    }
 return(s);
}
float fsin(float x)                                   //计算 sin(x) 的函数
{return sin(x);}

float fcos(float x)                                   //计算 cos(x) 的函数
{return cos(x);}

float fexp(float x)                                   //计算 e^x 的函数
{return exp(x);}
```

运行结果：
input a1,b1:<u>0 1</u>↙

input a2,b2:–1 1✓
input a3,b3:0 2✓
The integral of sin(x) is :0.480639
The integral of cos(x) is :1.68154
The integral of exp(x) is :6.71383

说明：sin，cos 和 exp 是系统提供的数学函数，在程序中定义 3 个函数 fsin，fcos 和 fexp 分别用来计算 sin(x)，cos(x)和 exp(x) 的值，在 main 函数中要对这 3 个函数作声明。在 main 函数中定义 p 为指向函数的指针变量，定义形式是"float (*p)(float)"，表示 p 指向的函数有一个实型形参，p 可指向返回值为实型的函数。在 main 函数中有"p=fsin;"，表示将 fsin 函数的入口地址赋给 p，在调用 integral 函数时，用 p 作为实参，把 fsin 函数的入口地址传递给形参 p(形参 p 也定义为指向函数的指针变量)，这样形参 p 也指向 fsin 函数，(*p)(x) 就相当于 fsin(x)。fsin(x) 的值就是 sin(x) 的值。因此通过调用 integral 函数求出 sin(x) 的定积分。求其余两个函数的定积分的情况与此类似。

14．将 n 个数按输入时顺序的逆序排列，用函数实现。

【解】 程序如下：

```
#include <iostream>
using namespace std;
int main( )
{ void sort (char *p,int m);
    int i,n;
    char *p,num[20];
    cout<<"input n:";
    cin>>n;
    cout<<"please input these numbers:"<<endl;
    for (i=0;i<n;i++)
        cin>>num[i];
    p=&num[0];
    sort(p,n);
    cout<<"Now,the sequence is:"<<endl;
    for (i=0;i<n;i++)
        cout<<num[i]<<" ";
    cout<<endl;
    return 0;
}
void sort (char *p,int m)                //将 n 个数逆序排列函数
{int i;
    char temp, *p1,*p2;
    for (i=0;i<m/2;i++)
    {p1=p+i;
        p2=p+(m–1–i);
        temp=*p1;
        *p1=*p2;
```

```
      *p2=temp;
    }
}
```

运行结果：

input n:<u>10</u>↙
please input these numbers:
<u>10 9 8 7 6 5 4 3 2 1</u>↙
Now,the sequence is:
1 2 3 4 5 6 7 8 9 10

15．有一个班 4 个学生，5 门课。①求第一门课的平均分；②找出有两门以上课程不及格的学生，输出他们的学号、全部课程成绩和平均成绩；③找出平均成绩在 90 分以上或全部课程成绩在 85 分以上的学生。分别编 3 个函数实现以上 3 个要求。

【解】　程序如下：

```
#include <iostream>
using namespace std;
int main( )
{void avsco(float *,float *);
 void avcour1(char (*)[10],float *);
 void fail2(char course[5][10],int num[],float *psco,float aver[4]);
 void good(char course[5][10],int num[4],float *psco,float aver[4]);
 int i,j,*pnum,num[4];
 float score[4][5],aver[4],*pscore,*paver;
 char course[5][10],(*pcourse)[10];
 cout<<"input course:"<<endl;
 pcourse=course;
 for (i=0;i<5;i++)
     cin>>course[i];
 cout<<"input NO. and scores:"<<endl;
 cout<<"NO.";
 for (i=0;i<5;i++)
     cout<<","<<course[i];
 cout<<endl;
 pscore=&score[0][0];
 pnum=&num[0];
 for (i=0;i<4;i++)
    {cin>>*(pnum+i);
     for (j=0;j<5;j++)
        cin>>*(pscore+5*i+j);
    }
 paver=&aver[0];
 cout<<endl<<endl;
 avsco(pscore,paver);                    //求出每个学生的平均成绩
```

```cpp
        avcour1(pcourse,pscore);                    //求出第一门课的平均成绩
        cout<<endl<<endl;
        fail2(pcourse,pnum,pscore,paver);           //找出两门课不及格的学生
        cout<<endl<<endl;
        good(pcourse,pnum,pscore,paver);            //找出成绩好的学生
        return 0;
    }
    void avsco(float *pscore,float *paver)          //求每个学生的平均成绩的函数
      {int i,j;
       float sum,average;
       for (i=0;i<4;i++)
          {sum=0.0;
           for (j=0;j<5;j++)
              sum=sum+(*(pscore+5*i+j));            //累计每个学生的各科成绩
           average=sum/5;                           //计算平均成绩
           *(paver+i)=average;
          }
      }
    void avcour1(char (*pcourse)[10],float *pscore) //求第一课程的平均成绩的函数
     {int i;
      float sum,average1;
      sum=0.0;
      for (i=0;i<4;i++)
         sum=sum+(*(pscore+5*i));                   //累计每个学生的得分
      average1=sum/4;                               //计算平均成绩
      cout<<"course 1: "<<*pcourse<<",average score:"<<average1<<endl;
     }
    void fail2(char course[5][10],int num[],float *pscore,float aver[4])
             //找两门以上课程不及格的学生的函数
      {int i,j,k,label;
       cout<<"   ==========Student who failed in two courses ========   "<<endl;
       cout<<"NO.    ";
       for (i=0;i<5;i++)
          cout<<course[i]<<"   ";
       cout<<"   average"<<endl;
       for (i=0;i<4;i++)
          {label=0;
           for (j=0;j<5;j++)
              if (*(pscore+5*i+j)<60.0) label++;
           if (label>=2)
              {cout<<num[i]<<"      ";
               for (k=0;k<5;k++)
                  cout<<*(pscore+5*i+k)<<"        ";
```

```
          cout<<"      "<<aver[i]<<endl;
         }
      }
  }
void good(char course[5][10],int num[4],float *pscore,float aver[4])
      //找成绩优秀的学生(全部课程成绩在85分以上或平均成绩在90分以上)的函数
  {int i,j,k,n;
      cout<<"     ======Students whose score is good======"<<endl;
      cout<<"NO.    ";
      for (i=0;i<5;i++)
         cout<<course[i]<<"    ";
      cout<<"   average"<<endl;
      for (i=0;i<4;i++)
        {n=0;
          for (j=0;j<5;j++)
             if (*(pscore+5*i+j)>85.0) n++;
          if ((n==5)||(aver[i]>=90))
            {cout<<num[i]<<"      ";
             for (k=0;k<5;k++)
                cout<<*(pscore+5*i+k)<<"      ";
             cout<<"     "<<aver[i]<<endl;
            }
         }
  }
```

运行结果：
input course: (提示输入课程名称)
English✓
Computer✓
Math✓
Physics✓
Chemistry✓
input NO. and scores: (提示输入学号和各门课成绩)
NO.,English,Computer,Math,Physics,Chemistry,average   (提示按此顺序输入)
101   34   56   88   99   89✓
102   77   88   99   67   78✓
103   99   90   87   86   89✓
104   78   89   99   56   77✓

course 1: English ,average score : 72   (第一门课英语的平均成绩为72)

        ==========Students who failed in two courses=======(有两门课不及格者)
     NO.   English   Computer   Math   Physics   Chemistry   average

| 101 | 34 | 56 | 88 | 99 | 89 | 73.2 |

======Student whose score is good======   (成绩优良者)
| NO. | English | Computer | Math | Physics | Chemistry | average |
| 103 | 99 | 90 | 87 | 86 | 89 | 90 |

程序中 num 是存放 4 个学生学号的一维数组，course 是存放 5 门课名称的二维字符数组，score 是存放 4 个学生 5 门课成绩的实型二维数组，aver 是存放每个学生平均成绩的一维实型数组。pnum 是指向 num 数组元素的指针变量，pcourse 是指向二维数组 course 中的一行的指针变量，pscore 是指向 score 数组元素的指针变量，paver 是指向 aver 数组元素的指针变量，见图 6.2。

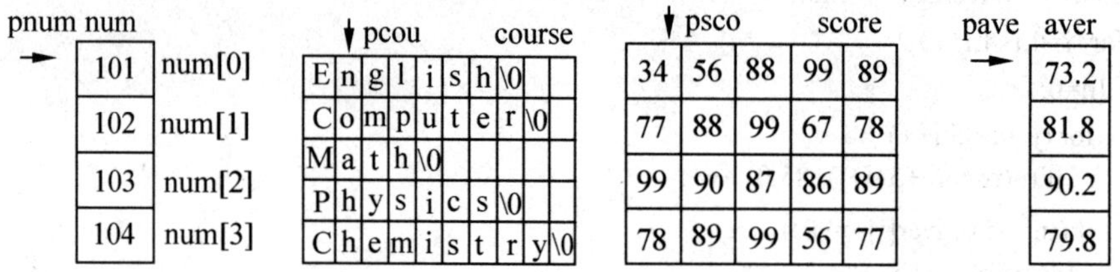

图 6.2

16. 输入一个字符串，内有数字和非数字字符，如
a123x456␣17960?302tab5876
将其中连续的数字作为一个整数，依次存放到一数组 a 中。例如，123 放在 a[0]，456 放在 a[1]……统计共有多少个整数，并输出这些数。

【解】 程序如下：
```
#include <iostream>
using namespace std;
int main( )
{char str[50],*pstr;
 int i,j,k,m,e10,digit,ndigit,a[10],*pa;
 cout<<"input a string:"<<endl;
 gets(str);
 cout<<endl;
 pstr=&str[0];                //字符指针 pstr 指向数组 str 首元素
 pa=&a[0];                    //指针 pa 指向 a 数组首元素
 ndigit=0;                    //ndigit 代表有多少个整数
 i=0;                         //i 代表字符串中的第几个字符
 j=0;                         //j 代表连续数字的位数
 while(*(pstr+i)!='\0' )
    {if((*(pstr+i)>='0' ) && (*(pstr+i)<='9' ))
```

```
            j++;
        else
          {if (j>0)
             {digit=*(pstr+i-1)-48;              //将个数位赋予 digit
                k=1;
              while (k<j)                        //将含有两位以上数的其他位的数值累计于 digit
                {e10=1;
                  for (m=1;m<=k;m++)
                      e10=e10*10;                //e10 代表该位数所应乘的因子
                  digit=digit+(*(pstr+i-1-k)-48)*e10;  //将该位数累加于 digit
                  k++;                           //位数 k 自增
                }
              *pa=digit;                         //将数值放在数组 a 中
              ndigit++;
              pa++;                              //指针 pa 指向 a 数组下一元素
              j=0;
             }
          }
     i++;
 }
 if (j>0)                                        //以数字结尾字符串的最后一个数据
   {digit=*(pstr+i-1) - 48;                      //将个数位赋予 digit
    k=1;
    while (k<j)                                  // 将含有两位以上数的其他位的数值累加于 digit
      {e10=1;
        for (m=1;m<=k;m++)
           e10=e10*10;                           //e10 代表位数所应乘的因子
        digit=digit+(*(pstr+i-1-k)-48)*e10;      //将该位数的数值累加于 digit
        k++;                                     /*位数 k 自增*/
      }
    *pa=digit;                                   //将数值放到数组 a 中
    ndigit++;
    j=0;
   }
 printf("There are %d numbers in this line. They are:\n",ndigit);
 j=0;
 pa=&a[0];
 for (j=0;j<ndigit;j++)                          //打印数据
    cout<<*(pa+j)<<endl;
 cout<<endl;
 return 0;
```

}

运行结果：
input a string:
a123x456 7689+89=321/ab23↙
There are 6 numbers in this line. They are:
123 456 7689 89 321 23

17. 写一函数，实现两个字符串的比较。即自己写一个 strcmp 函数，函数原型为

int strcmp(char *p1,char *p2);

设 p1 指向字符串 s1，p2 指向字符串 s2。要求当 s1=s2 时，返回值为 0，若 s1≠s2，返回它们二者第 1 个不同字符的 ASCII 码差值（如"BOY"与"BAD"，第 2 个字母不同，"O"与"A"之差为 79–65=14）。如果 s1>s2，则输出正值，如 s1<s2，则输出负值。

【解】

```cpp
#include <iostream>
using namespace std;
int main( )
{int strcmp(char *p1,char *p2);
 int m;
 char str1[20],str2[20],*p1,*p2;
 cout<<"input two strings:"<<endl;
 cin>>str1;
 cin>>str2;
 p1=&str1[0];
 p2=&str2[0];
 m=strcmp(p1,p2);
 cout<<"result:"<<m<<endl;
 return 0;
}
int strcmp(char *p1,char *p2)          //自己定义字符串比较函数
{int i;
 i=0;
 while(*(p1+i)==*(p2+i))
    if(*(p1+i++)==' \0' ) return(0);   //全部字符相同时返回结果 0
 return(*(p1+i)–(*(p2+i)));            //不相同时返回结果为第一对不相同字符的 ASCII 码的差值
}
```

运行结果：
① input two strings:
CHINA↙
Chen↙

result:−32

② input two strings:

hello!↙

hello!↙

result:0

③ input two strings:

dog↙

cat↙

result:1

18．编写一程序，输入月份号，输出该月的英文月名。例如，输入 3，则输出 March，要求用指针数组处理。

【解】
```
#include <iostream>
using namespace std;
int main( )
{char *month_name[13]={"illegal month","January","February","March","April","May","June","July",
    "August","September","October", "November","December"};
int n;
cout<<"input month:"<<endl;
cin>>n;
if ((n<=12) && (n>=1))
    cout<<"It is "<<*(month_name+n)<<endl;
else
    cout<<"It is wrong"<<endl;
return 0;
}
```

运行结果：

① input month:2↙

It is February.

② input month:8↙

It is August.

③ input month:13↙

It is wrong.

19．用指向指针的指针的方法对 5 个字符串排序并输出。

【解】
```
#include <iostream>
using namespace std;
int main( )
{void sort(char **p);
 const int m=20;              //定义字符串的最大长度
 int i;
```

```
    char **p,*pstr[5],str[5][m];
    for (i=0;i<5;i++)
        pstr[i]=str[i];     //将第 i 个字符串的首地址赋予指针数组 pstr 的第 i 个元素
    cout<<"input 5 strings:"<<endl;
    for (i=0;i<5;i++)
        cin>>pstr[i];
    p=pstr;
    sort(p);
    cout<<"strings sorted:"<<endl;
    for (i=0;i<5;i++)
        cout<<pstr[i]<<endl;
    return 0;
}
void sort(char **p)                          //冒泡法对 5 个字符串排序函数
{int i,j;
 char *temp;
 for (i=0;i<5;i++)
   {for (j=i+1;j<5;j++)
      {if (strcmp(*(p+i),*(p+j))>0)          //比较后交换字符串地址
         {temp=*(p+i);
          *(p+i)=*(p+j);
          *(p+j)=temp;
         }
      }
   }
}
```

运行结果：
input 5 strings:
China✓
America✓
India✓
Philippines✓
Canada✓
strings sorted:
America
Canada
China
India
Philippines

20．用指向指针的指针的方法对 n 个整数排序并输出。要求将排序单独写成一个函数。整数和 n 在主函数中输入。最后在主函数中输出。

【解】

```
#include <iostream>
using namespace std;
int main( )
{void sort(int **p,int n);
 int i,n,data[10],**p,*pstr[10];
 cout<<"input n:";
 cin>>n;
 for (i=0;i<n;i++)
    pstr[i]=&data[i];          //将第 i 个整数的地址赋予指针数组 pstr 的第 i 个元素
 cout<<"input "<<n<<" integer numbers:"<<endl;
 for (i=0;i<n;i++)
    cin>>*pstr[i];
 p=pstr;
 sort(p,n);
 cout<<"Now,the sequence is:"<<endl;
 for (i=0;i<n;i++)
    cout<<*pstr[i]<<"   ";
 cout<<endl;
 return 0;
}
void sort(int **p,int n)
{int i,j,*temp;
  for (i=0;i<n−1;i++)
    {for (j=i+1;j<n;j++)
      {if (**(p+i)>**(p+j))                //比较后交换整数地址
        {temp=*(p+i);
         *(p+i)=*(p+j);
         *(p+j)=temp;
        }
      }
    }
}
```

运行结果：

input n:7↙

input 7 integer numbers:

34 98 56 12 22 65 1↙

Now,the sequence is:

1 12 22 34 56 65 98

说明：data 数组用来存放 n 个整数，pstr 是指针数组，每一个元素指向 data 数组中的一个元素，p 是指向指针的指针，请参考图 6.3。图 6.3(a) 表示的是排序前的情况，图 6.3(b)表示的是排序后的情况。可以看到 data 数组中的数，次序没有变化，而 pstr 指针数组中的各元素的值（也就是它们的指向）改变了。

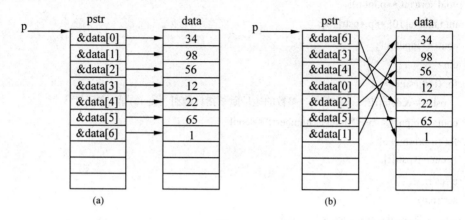

图 6.3

第 7 章 自定义数据类型

1. 定义一个结构体变量（包括年、月、日），编写程序，要求输入年、月、日，程序能计算并输出该日在本年中是第几天。注意闰年问题。

【解】 解题思路如下：正常年份每个月中的天数是已知的，只要给出日期，算出该日在本年中是第几天是不困难的。如果是闰年且月份在 3 月或 3 月以后时，应再增加一天。闰年的规则是：年份能被 4 整除但不能被 100 整除；或者年份能被 400 整除，如 2000，2004，2008 年是闰年，2100，2005 年不是闰年。

（1）程序一

```
#include <iostream>
using namespace std;
struct
    { int year;                  //结构体变量 date 中的成员对应于输入的年、月、日
      int month;
      int day;
    }date;
int main( )
 {int days;                      //days 为天数
  cout<<"input year,month,day:";
  cin>>date.year>>date.month>>date.day;
  switch(date.month)
    { case 1: days=date.day;           break;
      case 2: days=date.day+31;        break;
      case 3: days=date.day+59;        break;
      case 4: days=date.day+90;        break;
      case 5: days=date.day+120;       break;
      case 6: days=date.day+151;       break;
      case 7: days=date.day+181;       break;
      case 8: days=date.day+212;       break;
      case 9: days=date.day+243;       break;
```

```
        case 10: days=date.day+273; break;
        case 11: days=date.day+304; break;
        case 12: days=date.day+334; break;
    }
    if (((date.year %4== 0 && date.year % 100 != 0) ||date.year % 400 == 0) && date.month >=3)
            days+=1;
        cout<<date.month<<"/"<<date.day<<" is the "<<days <<"th day in "<<date.year<<"."<<endl;
    return 0;
}
```

运行结果：

① input year,month,day:<u>2005 10 1</u>↙
　　10/1 is the 274th day in 2005.
② input year,month,day:<u>2008 10 1</u>↙
　　10/1 is the 275th day in 2008

（2）程序二
```
#include <iostream>
using namespace std;
struct
   {int year;
    int month;
    int day;
   }date;
int main( )
 {int i,days;
    int day_tab[13]={0,31,28,31,30,31,30,31,31,30,31,30,31};
    cout<<"input year,month,day:";
    cin>>date.year>>date.month>>date.day;
    days=0;
    for (i=1;i<date.month;i++)
      days+=day_tab[i];
    days+=date.day;
    if (((date.year%4==0 && date.year%100!=0 || date.year%400==0) && date.month>=3)
            days+=1;
    cout<<date.month<<"/"<<date.day<<" is the "<<days <<"th day in "<<date.year<<"."<<endl;
    return 0;
    }
```

2．编写一个函数 days，实现上面的计算。由主函数将年、月、日传递给函数 days，计算出该日在本年中是第几天并将结果传回主函数输出。

【解】
```
#include <iostream>
using namespace std;
struct y_m_d
     {int year;
      int month;
      int day;
     };
 int main( )
 {y_m_d date;
   int days(int,int,int);                //对 days 函数的声明
   int day_sum;
   cout<<"input year,month,day:";
   cin>>date.year>>date.month>>date.day;
   day_sum=days(date.year,date.month,date.day);
   cout<<date.month<<"/"<<date.day<<" is the "<<day_sum <<"th day in "<<date.year<<endl;
   return 0;
   }
int days(int year,int month,int day)         //定义 days 函数
{int day_sum,i;
  int day_tab[13]={0,31,28,31,30,31,30,31,31,30,31,30,31};
  day_sum=0;
  for (i=1;i<month;i++)
     day_sum+=day_tab[i];
  day_sum+=day;
  if ((year%4==0 && year%100!=0 || year%4==0) && month>=3)
      day_sum+=1;
  return(day_sum);
}
```

运行结果：
input year,month,day:2005,7,1↙
10 / 1 is the 182th day in 2005.

3. 编写一个函数 print，打印一个学生的成绩数组，该数组中有 5 个学生的数据，每个学生的数据包括 num（学号）、name（姓名）、score[3]（3 门课的成绩）。用主函数输入这些数据，用 print 函数输出这些数据。

【解】
```
#include <iostream>
#include <iomanip>
using namespace std;
const int n=5;
struct student
 { char num[6];
```

```cpp
    char name[8];
    int score[4];
 }stu[n];
 int main( )
 {void print(student stu[ ]);
  int i,j;
  for (i=0;i<n;i++)
  {cout<<"input scores of student "<<i+1<<":"<<endl;
   cout<<"NO.: ";
   cin>>stu[i].num;
   cout<<"name: ";
   cin>>stu[i].name;
   for (j=0;j<3;j++)
     {cout<<"score "<<j+1<<":";
      cin>>stu[i].score[j];
     }
   cout<<endl;
  }
  print(stu);
  return 0;
 }
 void print(student stu[ ])
  {int i,j;
   cout<<" NO.      name        score1    score2    score3"<<endl;
   for (i=0;i<n;i++)
    {cout<<stu[i].num<<"   "<<setw(10)<<stu[i].name<<"         ";
      for (j=0;j<3;j++)
        cout<<setw(3)<<stu[i].score[j]<<"       ";
      cout<<endl;
    }
  }
```

运行结果：

input scores of student 1:
NO.:101✓
NAME:Li✓
score 1: 90✓
score 2: 79✓
score 3: 89✓

input scores of student 2:
NO.:102✓
NAME:Ma✓
score 1: 97✓

score 2: 90↙
score 3: 68↙

input scores of student 3:
NO.:103↙
NAME:Wang↙
score 1: 77↙
score 2: 70↙
score 3: 78↙

input scores of student 4:
NO.:104↙
NAME:Fun↙
score 1: 67↙
score 2: 89↙
score 3: 56↙

input scores of student 5:
NO.:105↙
NAME:Xue↙
score 1: 87↙
score 2: 65↙
score 3: 69↙

NO.	name	score1	score2	score3
101	Li	90	79	89
102	Ma	97	90	68
103	Wang	77	70	78
104	Fun	67	89	56
105	Xue	87	65	69

4. 在第 3 题的基础上，编写一个函数 input，用来输入 5 个学生的数据。

【解】 input 函数的程序结构类似于第 3 题中主函数的相应部分。

```
#include <iostream>
#include <iomanip>
using namespace std;
const int n=5;
struct student
{ char num[6];
   char name[8];
   int score[4];
}stu[n];
int main( )
{void input(student stu[ ]);
```

```
        void print(student stu[ ]);
        input(stu);
        print(stu);
        return 0;
      }
    void input(student stu[ ])
    {int i,j;
     for (i=0;i<n;i++)
      {cout<<"input scores of student "<<i+1<<":"<<endl;
       cout<<"NO.: ";
       cin>>stu[i].num;
       cout<<"name: ";
       cin>>stu[i].name;
       for (j=0;j<3;j++)
         {cout<<"score "<<j+1<<":";
          cin>>stu[i].score[j];
         }
      }
    }
    void print(student stu[ ])
    {int i,j;
       cout<<" NO.      name      score1    score2    score3"<<endl;
       for (i=0;i<n;i++)
         {cout<<stu[i].num<<"   "<<setw(10)<<stu[i].name<<"    ";
          for (j=0;j<3;j++)
             cout<<setw(3)<<stu[i].score[j]<<"    ";
          cout<<endl;
         }
      }
```

运行结果与第 3 题相同。

5. 有 10 个学生，每个学生的数据包括学号、姓名、3 门课的成绩，从键盘输入 10 个学生数据，要求打印出 3 门课总平均成绩，以及最高分的学生的数据（包括学号、姓名、3 门课成绩、平均分数）。

【解】

```
#include <iostream>
#include <iomanip>
using namespace std;
const int n=3;
struct student
{ char num[6];
   char name[8];
   int score[4];
   float avr;
```

```cpp
} stu[n];
int main( )
{ int i,j,max,maxi,sum;
  float average;
  for (i=0;i<n;i++)
     {cout<<"input scores of student "<<i+1<<endl;;
      cout<<"NO.:";
      cin>>stu[i].num;
      cout<<"name:";
      cin>>stu[i].name;
      for (j=0;j<3;j++)
         {cout<<"score "<<j+1<<":";
          cin>>stu[i].score[j];
         }
      cout<<endl;
     }
  average=0;
  max=0;
  maxi=0;
  for (i=0;i<n;i++)
     {sum=0;
      for (j=0;j<3;j++)
         sum+=stu[i].score[j];
      stu[i].avr=sum/3.0;
      average+=stu[i].avr;
      if (sum>max)
        {max=sum;
         maxi=i;
        }
     }
  average/=n;
  cout<<"     NO.     name    score1    score2    score3    average"<<endl;
  for (i=0;i<n;i++)
     {cout<<setw(8)<<stu[i].num<<"  "<<setw(10)<<stu[i].name<<"     ";
      for (j=0;j<3;j++)
         cout<<setw(3)<<stu[i].score[j]<<"       ";
      cout<<stu[i].avr<<endl;
     }
  cout<<"average="<<average<<endl;
  cout<<"The highest score is :"<<stu[maxi].name<<", score total:"<<max<<endl;
  return 0;
}
```

运行结果：
input scores of student 1:
NO.:101↙
name:Wang↙
score1: 93↙
score2: 89↙
score3: 87↙

input scores of student 2:
NO.:102↙
name:Li↙
score1: 85↙
score2: 80↙
score3: 78↙

input scores of student 3:
NO.:103↙
name:Zhao↙
score1: 65↙
score2: 70↙
score3: 59↙

input scores of student 4:
NO.:104↙
name:Ma↙
score1: 77↙
score2: 70↙
score3: 83↙

input scores of student 5:
NO.:105↙
name:Han↙
score1: 70↙
score2: 67↙
score3: 60↙

input scores of student 6:
NO.:106↙
name:Zhang↙
score1: 99↙
score2: 97↙
score3: 95↙

input scores of student 7:

NO.:107↙
name:Zhou↙
score1: 88↙
score2: 89↙
score3: 88↙

input scores of student 8:
NO.:108↙
name:Chen↙
score1: 87↙
score2: 88↙
score3: 85↙

input scores of student 9:
NO.:109↙
name:Yang↙
score1: 72↙
score2: 70↙
score3: 69↙

input scores of student 10:
NO.:110↙
name:Liu↙
score1: 78↙
score2: 80↙
score3: 83↙

NO.	Name	score1	score2	score3	average
101	Wang	93	89	87	89.67
102	Li	85	80	78	81.00
103	Zhao	65	70	59	64.67
104	Ma	77	70	83	76.67
105	Han	70	67	60	65.67
106	Zhang	99	97	95	97.00
107	Zhou	88	89	88	88.33
108	Chen	87	88	85	86.67
109	Yang	72	70	69	70.33
110	Liu	78	80	83	80.33

average= 80.03
The highest score is : Zhang, score total: 291.

6. 编写一个函数 creat，用来建立一个动态链表。所谓建立动态链表是指在程序执行过程中从无到有地建立起一个链表，即一个一个地开辟结点和输入各结点数据，并建立起前后相连的关系。各结点的数据由键盘输入。

【解】 链表是一种重要的数据结构，在一些软件设计中会用到这方面的知识。由于本教材是面对广大初学者的，体现的是基本要求，同时由于篇幅所限，在本教材中没有介绍有关链表的知识。为了满足一部分需要深入学习的读者的需要，在本书中结合习题简要地介绍有关链表的知识和程序的实现。

链表是动态地进行存储分配的一种结构。用数组存放数据时，必须事先定义固定的长度（即元素个数）。比如，有的班级有 100 人，而有的班级只有 30 人，如果要用同一个数组先后存放不同班级的学生数据，则必须定义长度为 100 的数组。如果事先难以确定一个班的最多人数，则必须把数组定得足够大，以便能存放任何班级的学生数据。显然这将会浪费内存。链表则没有这种缺点，它根据需要开辟内存单元。图 7.1 表示最简单的一种链表（单向链表）的结构。

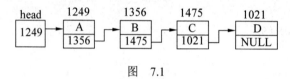

图 7.1

链表有一个头指针变量，图中以 head 表示，它存放一个地址。该地址指向一个元素。链表中每一个元素称为结点，每个结点都应包括两个部分：①用户所需要用到的实际数据；②下一个结点的地址。可以看出，head 指向第 1 个元素，第 1 个元素又指向第 2 个元素……直到最后一个元素，该元素不再指向其他元素，它称为表尾，它的地址部分放一个 NULL（表示空地址），链表到此结束。

可以看到链表中各元素在内存中可以不是连续存放的。要找某一元素，必须先找到上一个元素，根据它提供的下一元素地址才能找到下一个元素。如果不提供头指针，则整个链表都无法访问。链表如同一条铁链一样，一环扣一环，中间是不能断开的。打个通俗的比方：幼儿园的老师带领孩子出来散步，老师牵着第 1 个小孩的手，第 1 个小孩的另一只手牵着第 2 个孩子……这就是一个"链"，最后一个孩子有一只手空着，他是"链尾"。要找这个队伍，必须先找到老师，然后顺序找到每一个孩子。

可以看到，这种链表的数据结构必须利用指针变量才能实现。即：一个结点中应包含一个指针变量，用它存放下一结点的地址。

用结构体变量或类对象链表中的结点是最合适的。一个结构体变量包含若干成员，这些成员可以是数值类型、字符类型、数组类型，也可以是指针类型。可以用这个指针类型成员来存放下一个结点的地址。例如，可以设计这样一个结构体类型：

```
struct student
 {int num;
 float score;
 struct student next;
 };
```

其中成员 num 和 score 用来存放结点中的有用数据（用户需要用到的数据），相当于图 7.1 结点中的 A，B，C，D。next 是指针类型的成员，它指向 struct student 类型数据(这就是 next 所在的结构体类型)。用 next 命名它,能见名知义,表示此指针的作用是指向下一个结点,含义清楚。

指针变量既可以指向其他类型的结构体数据,也可以指向自己所在的结构体类型的数据。现在,next 是 student 类型中的一个成员,它又指向 student 类型的数据。用这种方法就可以建立链表,见图 7.2。

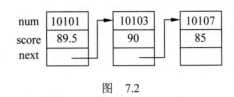

图 7.2

图中每一个结点都属于 student 类型,它的成员 next 存放下一结点的地址,程序设计人员可以不必具体知道各结点的地址,只要保证将下一个结点的地址放到前一结点的成员 next 中即可。

请注意:上面只是定义了一个 student 类型,并未实际分配存储空间。只有定义了变量才分配内存单元。

下面通过一个例子来说明如何建立和输出一个简单链表。

建立一个如图 7.2 所示的简单链表,它由 3 个学生数据的结点组成。输出各结点中的数据。

```
#define NULL 0
struct student
{long num;
 float score;
 struct student *next;
};
int main( )
{ struct student a, b, c, *head, *p;
  a. num=10101; a.score=89.5;
  b. num=10103; b.score=90;
  c. num=10107; c.score=85;        //为结点的 num 和 score 成员赋值
  head=&a;                          //将结点 a 的起始地址赋给头指针 head
  a.next=&b;                        //将结点 b 的起始地址赋给 a 结点的 next 成员
  b.next=&c;                        //将结点 c 的起始地址赋给 b 结点的 next 成员
  c.next=NULL;                      //c 结点的 next 成员不存放其他结点地址
  p=head;                           //使 p 指针指向 a 结点
  do
  {cout<<p->num<<" "<<p->score<<endl;   //输出 p 指向的结点的数据
    p=p->next;                          //使 p 指向下一结点
  } while(p!=NULL);                     //输出完 c 结点后 p 的值为 NULL
  return 0;
}
```

请仔细考虑：①各个结点是怎样构成链表的？②没有头指针 head 行不行？③p 起什么作用？没有它行不行？

开始时使 head 指向 a 结点，a.next 指向 b 结点，b.next 指向 c 结点，这就构成链表关系。"c.next=NULL"的作用是使 c.next 不指向任何有用的存储单元。在输出链表时要借助 p，先使 p 指向 a 结点，然后输出 a 结点中的数据，"p=p->next"是为输出下一个结点做准备。p->next 的值是 b 结点的地址，因此执行"p=p->next"后 p 就指向 b 结点，所以在下一次循环时输出的是 b 结点中的数据。

本例是比较简单的，所有结点都是在程序中定义的，不是临时开辟的，也不能用完后释放，这种链表称为"静态链表"。

动态链表稍微复杂一些。下面写一函数 creat，用来建立一个有 3 名学生数据的单向动态链表。

先考虑实现此要求的算法（见图 7.3）。

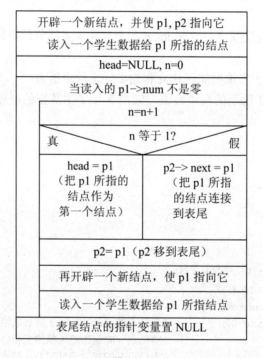

图 7.3

设 3 个指针变量：head, p1, p2，它们都是用来指向结构体 student 类型数据的。先用 new 运算符开辟第 1 个结点，并使 p1, p2 指向它。然后从键盘读入一个学生的数据给 p1 所指的第 1 个结点。这里约定学号不会为 0，如果输入的学号为 0，则表示建立链表的过程完成，该结点不应连接到链表中。先使 head 的值为 NULL（即等于 0），这是链表为"空"时的情况（即 head 不指向任何结点，链表中无结点），当建立第 1 个结点就使 head 指向该结点。

如果输入的 p1->num 不等于 0，则输入的是第 1 个结点数据（n==1），令 head=p1，即把 p1 的值赋给 head，也就是使 head 也指向新开辟的结点（见图 7.4）。p1 所指向的新开辟的结点就成为链表中第 1 个结点。然后再开辟另一个结点并使 p1 指向它，接着输入该结点的数据（见图 7.5（a））。

如果输入的 p1->num≠0，则应链入第 2 个结点 (n==2)，由于 n≠1，则将 p1 的值赋给 p2->next，此时 p2 指向第 1 个结点，因此执行"p2->next=p1"就将新结点的地址赋给第 1 个结点的 next 成员，使第 1 个结点的 next 成员指向第 2 个结点（见图 7.5（b））。接着使 p2=p1，也就是使 p2 指向刚才建立的结点，见图 7.5（c）。接着再开辟一个结点并使 p1 指向它，并输入该结点的数据（见图 7.6（a）），在第 3 次循环中，由于 n==3（显然 n≠1），又将 p1 的值赋给 p2->next，也就是将第 3 个结点连接到第 2 个结点之后，并使 p2=p1，使 p2 指向最后一个结点（见图 7.6（b））。

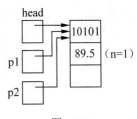

图 7.4

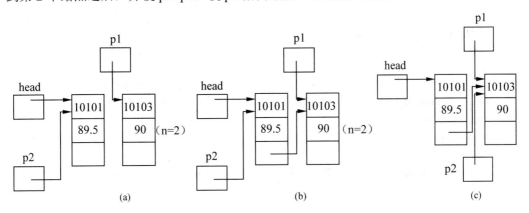

图 7.5

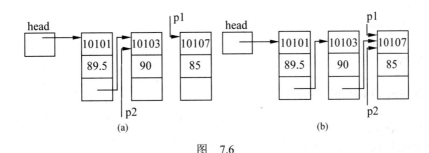

图 7.6

再开辟一个新结点，并使 p1 指向它，输入该结点的数据（见图 7.7（a））。由于 p1->num 的值为 0，不再执行循环，此新结点不应被连接到链表中。此时将 NULL 赋给 P2->next，见图 7.7（b）。建立链表过程至此结束，p1 最后所指的结点未链入链表中，第 3 个结点的 next 成员的值为 NULL，它不指向任何结点。虽然 P1 指向新开辟的结点，但从链表中无法找到该结点。

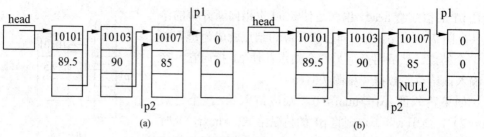

图 7.7

建立链表的函数如下：

```
#include <iostream>
using namespace std;
#define NULL 0
struct student
{long num;
 float score;
 student *next;
};
int n;                          //定义n为全局变量，本文件中各个函数均可用它
student *creat(void)            //定义函数，此函数带回一个指向链表头的指针
{student *head;
 student *p1,*p2;
 n=0;
 p1=p2=new student;             //开辟一个新单元，并使p1,p2指向它
 cin>>p1->num>>p1->score;
 head=NULL;
 while(p1->num!=0)
  {n=n+1;
   if(n==1) head=p1;
   else p2->next=p1;
   p2=p1;
   p1=new student;
   cin>>p1->num>>p1->score;
  }
 p2->next=NULL;
 return(head);
}
```

可以在 main 函数中调用 creat 函数，调用 creat 函数后，建立了一个单向动态链表，并返回链表第一个结点的地址（请查看 return 语句）。

说明：

（1）第 9 行定义一个 creat 函数，它是指针类型，此函数带回一个指针值，它指向 student 类型数据。即此函数带回一个链表起始地址。

（2）第 13 行 "p1=p2=new student；" 中的 new 是开辟动态空间的运算符。new student

的作用是开辟一段内存空间,用来存放 student 类型数据。执行"new student"后带回新开辟的空间的起始地址。P1 和 p2 是指向 student 类型数据的指针变量,"p1=p2=new student;"的作用是使 p1 和 p2 都指向新开辟的空间。

(3) 最后一行 return(head) 的作用是使函数返回 head 的值,即是链表的头地址。

(4) n 用来累计结点个数。

(5) 这个算法的思路是让 p1 指向新开的结点,p2 指向链表中最后一个结点,把 p1 所指的结点连接在 p2 所指的结点后面,用"p2->next=p1"来实现。

7. 编写一个函数 print,将第 6 题建立的链表中各结点的数据依次输出。

【解】:题目要求将已建立的链表中各结点的数据依次输出。这个问题比较容易处理。首先要知道链表第 1 个结点的地址,也就是要知道 head 的值。然后设 1 个指针变量 p,先指向第 1 个结点,输出 p 指向的结点,然后使 p 后移一个结点,再输出它所指向的结点。直到链表的尾结点。

下面编写一个输出链表的函数 print。假设本文件中已有以下程序行。

```
#include <iostream>
using namespace std;
#define NULL 0
struct student
{long num;
  float score;
  student *next;
};
int n;
```

可以写出 print 函数如下:

```
void print(student *head)
  {student *p;
   cout<<endl<<"Now, These "<<n<<" records are: "<<endl;
   p=head;
   if(head!=NULL)
   do
     {cout<<p->num<<"   "<<p->score<<endl;
      p=p->next;
     }while(p!=NULL);
}
```

其过程可用图 7.8 表示。p 先指向第 1 个结点,在输出完第 1 个结点之后,p 移到图中 p′虚线位置,指向第 2 个结点。程序中"p=p->next"的作用是将 p 原来所指向的结点中 next 的值赋给 p,而 p->next 的值就是第 2 个结点的起始地址。将它赋给 p,就是使 p 指向第 2 个结点。

head 的值由实参传过来,也就是将已有的链表的头指针传给被调用的函数,在 print 函数中从 head 所指的第一个结点出发顺序输出各个结点。

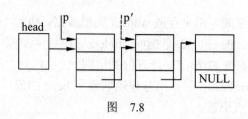

图 7.8

```
#include <iostream>
using namespace std;
#define NULL 0
struct student
{long num;
 float score;
 student *next;
};
int n;
student *del(student *head,long num)
{student *p1,*p2;
  if (head==NULL)                            //是空表
    {cout<<"list null!"<<endl; return(head);}
  p1=head;                                   //使 p1 指向第 1 个结点
  while(num!=p1->num && p1->next!=NULL)      //p1 指向的不是所要找的结点且后面还有结点
    {p2=p1; p1=p1->next;}                    //p1 后移一个结点
  if(num==p1->num)                           //找到了
    {if(p1==head) head=p1->next;             //若 p1 指向的是首结点,把第 2 个结点地址赋予 head
     else p2->next=p1->next;                 //否则将下一结点地址赋给前一结点地址
     cout<<"delete:"<<num<<endl;
     n=n+1;
    }
  else cout<<"cannot find "<<num;            //找不到该结点
  return(head);
}
```

8. 编写一个函数 del,用来删除动态链表中一个指定的结点(由实参指定某一学号,表示要删除该学生结点)。

【解】 题目要求删除一个链表中的某个结点。怎样考虑此问题的算法呢?先打个比方:一队小孩(A,B,C,D,E)手拉手,如果某一小孩(C)想离队有事,而队形仍保持不变。只要将 C 的手从两边脱开,B 改为与 D 拉手即可,见图 7.9。图 7.9(a)是原来的队伍,图 7.9(b)是 C 离队后的队伍。

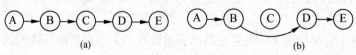

图 7.9

与此相仿,从一个动态链表中删去一个结点,并不是真正从内存中把它抹掉,而是把它从链表中分离开来,只要撤销原来的连接关系即可。

如果想从前面建立的动态链表中删除指定的结点,可以指定学号作为删除结点的标志。例如,输入 99103 表示要求删除学号为 99103 的结点。解题的思路是这样的:从 p 指向的第一个结点开始,检查该结点中的 num 的值是否等于输入的要求删除的那个学号。如果相等就将该结点删除,如不相等,就将 p 后移一个结点,如此进行下去,直至遇到表尾为止。

可以设两个指针变量 p1 和 p2,先使 p1 指向第一个结点(见图 7.10(a)。如果要删除的不是第一个结点,则使 p1 后移指向下一个结点(将 p1->next 赋给 p1),在此之前应将 p1 的值赋给 p2,使 p2 指向刚才检查过的那个结点,见图 7.10(b)。如此一次一次地使 p 后移,直到找到所要删除的结点或检查完全部链表都找不到要删除的结点为止。如果找到某一结点是要删除的结点,还要区分两种情况:①要删的是第 1 个结点(p1 的值等于 head 的值,如图 7.10(a)那样),则应将 p1->next 赋给 head。见图 7.10(c)。这时 head 指向原来的第 2 个结点。第 1 个结点虽然仍存在,但它已与链表脱离,因为链表中没有一个结点或头指针指向它。虽然 p1 还指向它,它也指向第 2 个结点,但仍无济于事,现在链表的第 1 个结点是原来的第 2 个结点,原来第 1 个结点已"丢失",即不再是链表中的一部分了。②如果要删除的不是第 1 个结点,则将 p1->next 给 p2->next,见图 7.10(d)。p2->next 原来指向 p1 指向的结点(图中第 2 个结点),现在 p2->next 改为指向 p1->next 所指向的结点(图中第 3 个结点)。p1 所指向的结点不再是链表的一部分。

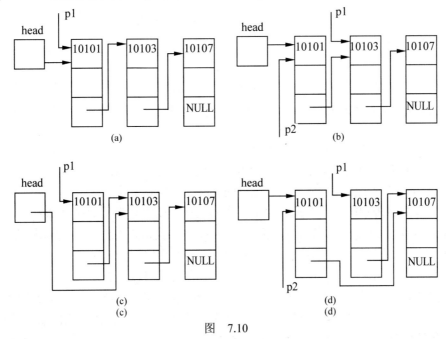

图 7.10

还需要考虑链表是空表(无结点)和链表中找不到要删除的结点的情况。

删除结点的函数 del 如下:

```cpp
#include <iostream>
using namespace std;
#define NULL 0
struct student
{long num;
 float score;
 student *next;
};
int n;
student *del(student *head,long num)
{student *p1,*p2;
  if (head==NULL)                                    //是空表
    {cout<<"list null!"<<endl; return(head);}
  p1=head;                                           //使 p1 指向第一个结点
  while(num!=p1->num && p1->next!=NULL)              //p1 指向的不是所要找的结点且后面还有结点
    {p2=p1; p1=p1->next;}                            //p1 后移一个结点
  if(num==p1->num)                                   //找到了
    {if(p1==head) head=p1->next;                     //若 p1 指向的是首结点,把第二个结点地址赋予 head
     else p2->next=p1->next;                         //否则将下一结点地址赋给前一结点地址
     cout<<"delete:"<<num<<endl;
     n=n-1;
    }
  else cout<<"cannot find "<<num;                    //找不到该结点
  return(head);
}
```

函数的类型是指向 student 类型数据的指针,它的值是链表的头指针。函数参数为 head 和要删除的学号 num。head 的值可能在函数执行过程中被改变(当删除第一个结点时)。

9. 编写一个函数 insert,用来向动态链表插入一个结点。

【解】 对链表的插入是指将一个结点插入到一个已有的链表中。

若已建立了学生链表(如前面已进行的工作),结点是按其成员项 num(学号)的值由小到大顺序排列的。今要插入一个新生的结点,要求按学号的顺序插入。

为了能做到正确插入,必须解决两个问题:①怎样找到插入的位置;②怎样实现插入。

如果有一群小学生,按身高顺序(由低到高)手拉手排好队。现在来了一名新同学,要求按身高顺序插入队中。首先要确定插到什么位置。可以将新同学先与队中第 1 名小学生比身高,若新同学比第 1 名学生高,就使新同学后移一个位置,与第 2 名学生比,如果仍比第 2 名学生高,再往后移,与第 3 名学生比……直到出现比第 i 名学生高、比第 i+1 名学生低的情况为止。显然,新同学的位置应该在第 i 名学生之后,在第 i+1 名学生之前。在确定了位置之后,让第 i 名学生与第 i+1 名学生的手脱开,然后让第 i 名学生的手去拉新同学的手,让新同学另外一只手去拉第 i+1 名学生的手。这样就完成了插入,形成了新的队列。

根据这个思路来实现链表的插入操作。先用指针变量 p0 指向待插入的结点，p1 指向第一个结点。见图 7.11（a）。将 p0->num 与 p1->num 相比较，如果 p0->num>p1->num，则待插入的结点不应插在 p1 所指的结点之前。此时将 p1 后移，并使 p2 指向刚才 p1 所指的结点，见图 7.11（b）。再将 p1->num 与 p0->num 比。如果仍然是 p0->num 大，则应使 p1 继续后移，直到 p0->num≤p1->num 为止。这时将 p0 所指的结点插到 p1 所指结点之前。但是如果 p1 所指的已是表尾结点，则 p1 就不应后移了。如果 p0->num 比所有结点的 num 都大，则应将 p0 所指的结点插到链表末尾。

如果插入的位置既不在第 1 个结点之前，又不在表尾结点之后，则将 p0 的值赋给 p2->next，使 p2->next 指向待插入的结点，然后将 p1 的值赋给 p0->next，使得 p0->next 指向 p1 指向的变量。见图 7.11（c），在第 1 个结点和第 2 个结点之间已插入了一个新的结点。

如果插入位置为第一个结点之前（即 p1 等于 head 时），则将 p0 赋给 head，将 p1 赋给 p0->next。见图 7.11（d）。如果要插到表尾之后，应将 p0 赋给 p1->next，NULL 赋给 p0->next，见图 7.11（e）。

可以写出插入结点的函数 insert 如下：

```
student *insert(student *head,student *stud)
{student *p0,*p1,*p2;
  p1=head;                              //使 p1 指向第 1 个结点
  p0=stud;                              //指向要插入的结点
  if(head==NULL)                        //原来的链表是空表
    {head=p0;p0->next=NULL;}            //使 p0 指向的结点作为头结点
  else
    {while((p0->num>p1->num) && (p1->next!=NULL))
      {p2=p1;                           //使 p2 指向刚才 p1 指向的结点
       p1=p1->next;}                    //p1 后移 1 个结点
      if(p0->num<=p1->num)
        {if(head==p1) head=p0;          //插到原来第 1 个结点之前
         else p2->next=p0;              //插到 p2 指向的结点之后
         p0->next=p1;}
      else
        {p1->next=p0; p0->next=NULL;}   //插到最后的结点之后
    }
    n=n+1;                              //结点数加 1
    return (head);
  }
}
```

函数参数是 head 和 stud。stud 也是一个指针变量，将待插入结点的地址从实参传给 stud。语句"p0=stud;"的作用是使 p0 指向待插入的结点。

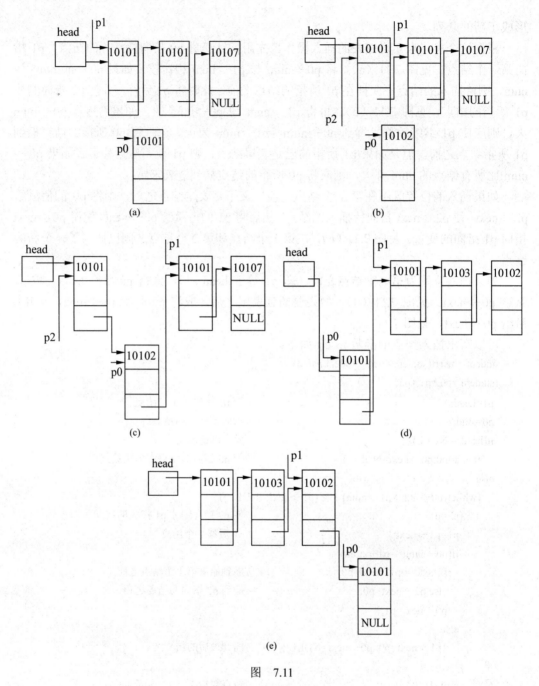

图 7.11

函数类型是指针类型，函数返回值是链表起始地址 head。

10. 将以上 4 个函数组成一个程序，由主程序先后调用这些函数，实现链表的建立、输出、删除和插入，在主程序中指定需要删除和插入的结点。

【解】 写一个主程序，在主程序中调用以上 4 个函数 creat，print，del 和 insert。
```
#include <iostream>
using namespace std;
```

```
#define NULL 0
struct student
{long num;
  float score;
   student *next;
};
int n;
int main( )
{ student *creat(void);
   student *del(student *,long);
   student *insert(student *,student *);
   void print(student *);
   student *head,stu;
   long del_num;
   cout<<"input records:"<<endl;
   head=creat( );                           //返回头指针
   print(head);                             //输出全部结点
   cout<<endl<<"input the deleted number:";
   cin>>del_num;                            //输入要删除的学号
   head=del(head,del_num);                  //删除后链表的头地址
   print(head);                             //输出全部结点
   cout<<endl<<"input the inserted record:"; //输入要插入的结点
   cin>>stu.num>>stu.score;
   head=insert(head,&stu);                  //返回地址
   print(head);                             //输出全部结点
   return 0;
}
```

此程序运行结果是正确的。它只删除一个结点，插入一个结点。但如果想再插入一个结点，重复写以上程序最后 4 行，共插入两个结点。运行结果却是错误的。

运行结果：

input records: (建立链表)

10101 90✓

10103 98✓

10105 87✓

0 0✓

Now，These 3 records are:

10101 90

10103 98

10105 87

input the deleted number:10103✓   (删除学号为 10103 的点)

delete: 10003

10101 90
10105 87

input the inserted record: <u>10102 95</u>↙   (插入一个结点)

Now, These 3 records are:
10101 90
10102 95
10105 87

input the inserted record: <u>10104 76</u>↙   (再插入一个结点)
Now, These 4 records are:
10101 90
10104 76
10104 76
10104 76
⋮

（无终止地输出 10004 的结点数据）

请读者将 main 与 insert 函数结合起来考虑为什么会产生以上运行结果。

出现以上结果的原因是：stu 是一个有固定地址的结构体变量。第一次把 stu 结点插入到链表中。第二次若再用它来插入第二个结点，就把第一次结点的数据冲掉了。实际上并没有开辟两个结点。读者可根据 insert 函数画出此时链表的情况。为了解决这个问题，必须在每插入一个结点时新开辟一个内存区。下面修改 main 函数，使之能删除多个结点（直到输入要删除的学号为 0），能插入多个结点（直到输入要插入的学号为 0）。

修改后的整个程序如下：

```cpp
#include <iostream>
using namespace std;
#define NULL 0
struct student
{long num;
 float score;
 student*next;
};
int n;
int main( )
{ student *creat(void);
  student *del(student *,long);
  student *insert(student *,student *);
  void print(student *);
  student *head,*stu;
  long del_num;
  cout<<"input records:"<<endl;
```

```cpp
    head=creat( );                              //返回头指针
    print(head);                                //输出全部结点
    cout<<endl<<"input the deleted number:";    //请用户输入要删除的结点
    cin>>del_num;                               //输入要删除的学号
    while(del_num!=0)                           //当输入的学号为0时结束循环
    {head=del(head,del_num);                    //删除结点后的链表的头地址
      print(head);                              //输出全部结点
      cout<<"input the deleted number:";        //请用户输入要删除的结点
      cin>>del_num;                             //输入要删除的学号
    }
    cout<<endl<<"input the inserted record:";   //输入要插入的结点
    stu=new student;                            //开辟一个新结点
    cin>>stu->num>>stu->score;
    while(stu->num!=0)                          //当输入的学号为0时结束循环
       {head=insert(head,stu);                  //返回链表的头地址,赋给head
         print(head);                           //输出全部结点
         cout<<endl<<"input the inserted record:";  //请用户输入要插入的结点
         stu=new student;                       //开辟一个新结点
         cin>>stu->num>>stu->score;             //输入插入结点的数据
       }
    return 0;
}
student *creat(void)                            //建立链表的函数
{student *head;
  student *p1,*p2;
  n=0;
  p1=p2=new student;                            //开辟一个新单元,并使p1,p2指向它
  cin>>p1->num>>p1->score;
  head=NULL;
  while(p1->num!=0)
    {n=n+1;
      if(n==1) head=p1;
      else p2->next=p1;
      p2=p1;
      p1=new student;
      cin>>p1->num>>p1->score;
    }
 p2->next=NULL;
 return(head);
}
student *del(student *head,long num)            //删除结点的函数
{student *p1,*p2;
  if (head==NULL)                               //是空表
    {cout<<"list null!"<<endl; return(head);}
```

```
    p1=head;                                      //使 p1 指向第一个结点
    while(num!=p1->num && p1->next!=NULL)         //p1 指向的不是所要找的结点且后面还有结点
      {p2=p1; p1=p1->next;}                       //p1 后移一个结点
    if(num==p1->num)                              //找到了
       {if(p1==head) head=p1->next;               //若 p1 指向的是首结点, 把第二个结点地址赋予 head
        else p2->next=p1->next;                   //否则将下一结点地址赋给前一结点地址
        cout<<"delete:"<<num<<endl;
        n=n-1;
       }
    else cout<<"cannot find "<<num;               //找不到该结点
    return(head);
 }
 student *insert(student *head,student *stud)     //插入结点的函数
 {student *p0,*p1,*p2;
   p1=head;                                       //使 p1 指向第一个结点
   p0=stud;                                       //指向要插入的结点
   if(head==NULL)                                 //原来的链表是空表
      {head=p0;p0->next=NULL;}                    //使 p0 指向的结点作为头结点
   else
      {while((p0->num>p1->num) && (p1->next!=NULL))
         {p2=p1;                                  //使 p2 指向刚才 p1 指向的结点
          p1=p1->next;}                           //p1 后移一个结点
       if(p0->num<=p1->num)
          {if(head==p1) head=p0;                  //插到原来第一个结点之前
           else p2->next=p0;                      //插到 p2 指向的结点之后
           p0->next=p1;}
        else
          {p1->next=p0; p0->next=NULL;}           //插到最后的结点之后
      }
   n=n+1;                                         //结点数加 1
   return (head);
 }
 void print(student *head)                        //输出链表的函数
 {student *p;
   cout<<"Now，These "<<n<<" records are："<<endl;
   p=head;
   if(head!=NULL)
     do
       {cout<<p->num<<"   "<<p->score<<endl;
        p=p->next;
       }while(p!=NULL);
 }
```

定义 stu 为指针变量，在需要插入时先用 new 开辟一个内存区，将其起始地址赋给

stu，然后输入此结构体变量中各成员的值。对不同的插入对象，stu 的值是不同的，每次指向一个新的 student 变量。在调用 insert 函数时，实参为 head 和 stu，将已有的链表起始地址传给 insert 函数的形参 head，将新开辟的单元的地址 stu 传给形参 stud，返回的函数值是经过插入之后的链表的头指针（地址）。

运行结果：
input records: (建立链表)
10101 90↙
10103 98↙
10105 87↙
0 0↙

Now, These 3 records are:
10101 90
10103 98
10105 87

input the deleted number: 10103↙   (删除学号为 10103 的点)
delete: 10103
10101 90
10105 87
input the deleted number: 0↙   (输入的学号为 0，结束删除操作)

input the inserted record: 10102 95↙   (插入一个结点)

Now, These 3 records are:
10101 90
10102 95
10105 87

input the inserted record: 10104 76↙   (再插入一个结点)
Now, These 4 records are:
10101 90
10102 95
10104 76
10105 87
input the inserted record: 0 0↙   (输入的学号为 0，结束插入操作)

请读者仔细消化这个程序。

不仅可以用结构体和指针实现对链表的操作，在学习类和对象后，也可以用对象和指针实现对链表的操作，方法是一样的。除了单向链表之外，还有环形链表和双向链表。此外还有队列、树、栈、图等数据结构。如果需要深入了解有关这些问题的算法，可以学习"数据结构"课程。

11．医院内科有 A，B，C，D，E，F，G 共 7 位医生，每人在一周内要值一次夜班，排班的要求是：

（1）A 医生值班日比 C 医生晚 1 天；

（2）C 医生值班日比 D 医生晚 3 天；

（3）D 医生值班日比 E 医生晚 2 天；

（4）B 医生值班日比 G 医生早 2 天；

（5）F 医生值班日在 B 医生和 C 医生值班日之间，且在星期四。

请编写程序，输出每位医生的值班日。值班日以 Sunday，Monday，Tuesday，Wednesday，Thurday，Friday，Saturday 分别表示星期日到星期六（提示：用枚举变量）。

【解】 可以分几个步骤处理此问题：

（1）根据给定条件可以很快编写出以下程序：

```
#include <iostream>
using namespace std;
int main( )
{enum weekday {sun,mon,tue,wed,thu,fri,sat};    //声明枚举类型 weekday
  int a,b,c,d,e,f,g;                            //定义整型变量 a,b,c,d,e,f,g,loop
  f=thu;                                        //按题意 F 医生星期四值班
  for(a=sun;a<=sat;a++)                         //根据条件逐个检查 A 医生星期几符合条件
    for(b=sun;b<=sat;b++)                       //逐个检查 B 医生星期几符合条件
      for(c=sun;c<=sat;c++)                     //逐个检查 C 医生星期几符合条件
        for(d=sun;d<=sat;d++)                   //逐个检查 D 医生星期几符合条件
          for(e=sun;e<=sat;e++)                 //逐个检查 E 医生星期几符合条件
            for(g=sun;g<=sat;g++)               //逐个检查 G 医生星期几符合条件
              if((a==c+1) && (c==d+3) && (d==e+2) && (g==b+2) && (f>b) &&  (f<c))
                cout<<a<<","<<b<<","<<c<<","<<d<<","<<e<<","<<f<<","<<g<<endl;
  return 0;
}
```

编程思路：声明枚举类型 weekday，其值的范围只能是 sun，mon，tue，wed，thu，fri，sat 之一。用 a，b，c，d，e，f，g 分别代表医生 A，B，C，D，E，F，G 的值班日。题目已告知：F 医生星期四值班，故先将 thu 赋给 f，用枚举元素 thu 代表星期四，它的值是整数 4。

其余的医生在哪天值班不知道，需要逐个检查是否符合条件，今用穷举法处理。除了 F 医生星期四值班外，用 6 个 for 循环使其他 6 个医生的值班日都从星期日变化到星期六，这样就出现了所有可能的排列。对每一种可能的方案都用 if 语句进行检查，看是否满足题目给定的条件。输出符合条件的排列方案。

运行结果：

6,0,5,2,0,4,2

6,1,5,2,0,4,3

6,2,5,2,0,4,4

6,3,5,2,0,4,5

分析结果:

输出 4 组结果。经分析,只有第 2 组符合题目要求,第 1 组有 2 人在星期二值班,第 3 组有 2 人在星期四值班,第 4 组有 2 人在星期五值班,显然不符合题目要求。因此应当修改程序,排除两个医生在同一天值班的情况。

(2) 对程序 (1) 进行修改,修改后程序如下:

```
#include <iostream>
using namespace std;
int main( )
{enum weekday {sun,mon,tue,wed,thu,fri,sat};     //声明枚举类型 weekday
 int a,b,c,d,e,f,g;                              //定义整型变量 a,b,c,d,e,f,g,loop
 f=thu;                                          //按题意 F 医生星期四值班
 for(a=sun;a<=sat;a++)                           //根据给定条件逐个检查 A 医生值班日的条件
   if (a!=f)                                     //要求 A 医生值班日子不与 F 医生相同
     for(b=sun;b<=sat;b++)                       //根据给定条件逐个检查 B 医生值班日的条件
       if(a!=b)                                  //要求 B 医生值班日子不与 A 医生相同
         for(c=sun;c<=sat;c++)                   //根据给定条件逐个检查 C 医生值班日的条件
           if((c!=a) && (c!=b) && (c!=f))        //要求 C 医生值班日子不与 A,B,F 医生相同
             for(d=sun;d<=sat;d++)               //逐个检查 D 医生值班日的条件
               if((d!=a) && (d!=b) && (d!=c) && (d!=f))  //D 医生不应与 A,B,C,F 医生同日值班
                 for(e=sun;e<=sat;e++)           //根据条件逐个检查 E 医生星期几符合条件
                   if(( e!=a) && (e!=b) && (e!=c) && (e!=d) && (e!=f))
                                                 //E 医生不应与 A,B,C,D,F 医生同日值班
                     for(g=sun;g<=sat;g++)       //根据条件逐个检查 G 医生条件
                       if((g!=a) && (g!=b) && (g!=c) && (g!=d) && (g!=e) &&(g!=f) )
                                                 //G 医生不应与 A,B,C,D,E,F 医生同日值班
                         if((a==c+1) && (c==d+3) && (d==e+2)
                            && (g==b+2) && (f>b) &&  (f<c))  //检查各医生条件
                            cout<<a<<","<<b<<","<<c<<","<<d<<","<<e<<",
                                "<<f<<"," <<g<<endl;

 return 0;
}
```

运行结果:

6,1,5,2,0,4,3

分析结果:只有一组符合要求,A—星期六,B—星期一,C—星期五,D—星期二,E—星期日,F—星期四,G—星期三。经分析,确定程序是正确的。但是,在排除了"二人同日值班"的方案后,其他方案到最后才进行逐个检查,这样需要检查的方案比较多,影响效率。程序可以再改进。

(3) 改进后的程序如下:

```
#include <iostream>
using namespace std;
```

```
int main( )
{enum weekday {sun,mon,tue,wed,thu,fri,sat};
 int a,b,c,d,e,f,g;
 f=thu;
 for(a=sun;a<=sat;a++)
   if (a!=f)                              //A 医生值班日子不应与 F 医生相同
     for(b=sun;b<=sat;b++)
       if((a!=b) && (f>b))                //B 医生值班日子不应与 A 医生相同，且 F 在 B 之后
         for(c=sun;c<=sat;c++)
           if((c!=a) && (c!=b) && (c!=f) && (a==c+1) && (f<c))
                                          //C 医生值班日子不应与 A,B,F 医生相同，且 A 比 C 晚一天
             for(d=sun;d<=sat;d++)
               if((d!=a) && (d!=b) && (d!=c) && (d!=f) && (c==d+3))
                                          //D 医生值班日子不应与 A,B,C,F 医生相同，且 C 在 D 之后 3 天
                 for(e=sun;e<=sat;e++)
                   if(( e!=a) && (e!=b) && (e!=c) && (e!=d) && (e!=f) && (d==e+2))
                                          //E 值班不应与 A,B,C,D,F 相同，且 E 在 D 前 2 天
                     for(g=sun;g<=sat;g++)
                       if((g!=a) && (g!=b) && (g!=c) && (g!=d) && (g!=e)
                           && (g!=f) && (g==b+2))
                                          //G 值班不应与 A,B,C,D,E,F 相同，且 G 在 B 后 2 天
                         cout<<a<<","<<b<<","<<c<<","<<d<<","<<e<<","<<f<<","
                             <<g <<endl;
 return 0;
}
```

编程思路：把能够提前进行检查的操作尽量提前进行，这样可减少最后需要进行检查的次数。程序（1）的 if 语句执行 117649 次。程序（2）最后一个 if 语句执行 1440 次，即进行最后检查的还有 1440 个方案。而程序（3）在执行最后一个 if 语句后不需作任何检查了，直接输出结果。

运行结果：
6,1,5,2,0,4,3

与程序（2）相同。

分析结果：从输出结果来看，程序是正确的，但是输出的形式不够直观，题目要求，以英文单词（Sunday，Monday，Tuesday，Wednesday，Thurday，Friday，Saturday）分别表示各人的值班日。这样，就需要增加一个程序段对此进行处理。

（4）进一步修改程序，以英文单词形式表示各人的值班日。程序如下：
```
#include <iostream>
using namespace std;
int main( )
{enum weekday {sun,mon,tue,wed,thu,fri,sat};//声明枚举类型 weekday
```

```cpp
    enum weekday day;                              //定义枚举变量 day
    int a,b,c,d,e,f,g,loop;                        //定义整型变量 a,b,c,d,e,f,g,loop
    char ch='A';                                   //定义字符变量 c,以便输出字符 A,B,C,D,E,F,G
    f=thu;                                         //按题意 F 医生星期四值班
    for(a=sun;a<=sat;a++)                          //需要逐个检查 A 医生星期几符合条件
      if (a!=f)                                    //A 医生值班日子不应与 F 医生相同
        for(b=sun;b<=sat;b++)                      //逐个检查 B 医生星期几符合条件
          if((a!=b) && (f>b))                      //B 医生值班日子不应与 A 医生相同,且 F 在 B 之后
            for(c=sun;c<=sat;c++)                  //逐个检查 C 医生星期几符合条件
              if((c!=a) && (c!=b) && (c!=f) && (a==c+1) && (f<c))
                                                   //C 医生值班日子不应与 A,B,F 医生相同,且 A 比 C 晚一天
                for(d=sun;d<=sat;d++)              //逐个检查 D 医生星期几符合条件
                  if((d!=a) && (d!=b) && (d!=c) && (d!=f) && (c==d+3))
                                                   //D 医生值班日子不应与 A,B,C,F 医生相同,且 C 在 D 之后 3 天
                    for(e=sun;e<=sat;e++)          //逐个检查 E 医生星期几符合条件
                      if(( e!=a) && (e!=b) && (e!=c) && (e!=d) && (e!=f) && (d==e+2))
                                                   //E 值班不应与 A,B,C,D,F 相同,且 E 在 D 前 2 天
                        for(g=sun;g<=sat;g++)      //逐个检查 G 医生条件
                          if((g!=a) && (g!=b) && (g!=c) && (g!=d) && (g!=e)
                             && (g!=f) && (g==b+2))
                                                   //G 值班不应与 A,B,C,D,E,F 相同,且 G 在 B 后 2 天
                            //符合以上条件时才能继续执行下面的工作
                            for(loop=0;loop<7;loop++)
                              {cout<<"Doctor "<<char(ch+loop)<<": ";
                               switch(loop+1)
                                 {case 1: day=weekday(a); break;
                                  //将 a 强制转换为 weekday 类型,是 A 医生的值班日
                                  case 2: day=weekday(b); break;   //是 B 医生的值班日
                                  case 3: day=weekday(c); break;   //是 C 医生的值班日
                                  case 4: day=weekday(d); break;   //是 D 医生的值班日
                                  case 5: day=weekday(e); break;   //是 E 医生的值班日
                                  case 6: day=weekday(f); break;   //是 F 医生的值班日
                                  case 7: day=weekday(g);          //是 G 医生的值班日
                                 }
                               switch(day)                          //以英文单词形式输出星期几
                                 {case sun: cout<<"Sunday"<<endl; break;
                                  case mon: cout<<"Mondsy"<<endl; break;
                                  case tue: cout<<"Tuesday"<<endl; break;
                                  case wed: cout<<"Wednesday"<<endl; break;
                                  case thu: cout<<"Thurday"<<endl; break;
                                  case fri: cout<<"Friday"<<endl; break;
                                  case sat: cout<<"Saturday"<<endl;
                                 }
                              }
```

```
    return 0;
}
```

运行结果：
Doctor A: Saturday
Doctor B: Monday
Doctor C: Friday
Doctor D: Tuesday
Doctor E: Sunday
Doctor F: Thurday
Doctor G: Wednesday

显然，这样的输出结果直观、清晰。

程序分析：请重点分析程序中最后一个 for 循环。循环变量 loop 由 0 变化到 6，对 7 个医生的数据进行处理。在循环体中先输出"Doctor"，然后输出 char(ch+loop)，即分别输出字符 A，B，C，D，E，F，G。char(ch+loop)的作用是把(ch+loop)的值强转换为字符型，当 loop 为 0 时输出 ch 的值所对的字符，即 A，当 loop 为 1 时输出(ch+1)的值所对的字符，即 B，依此类推。

第 1 个 switch 语句的作用是把前所处理的医生的值班日赋给枚举变量 day。当 loop 为 0 时，要处理的是第 1 个医生 A 的情况，由于(loop+1)等于 1，因此执行 case 1 后面的语句，把 a 的值强制转换为 weekday 类型，此时 day 的值为 sat。然后赋给枚举变量 day，接着执行第 2 个 switch 语句，由于 day 的值是 sat，就执行 case sat 后面的语句，输出字符串"Saturday"。其他 6 个医生的处理情况类似。

第 8 章 类 和 对 象

1. 请检查下面的程序,找出其中的错误(先不要上机,在纸面上作人工检查),并改正。然后上机调试,使之能正常运行。运行时从键盘输入时、分、秒的值,检查输出是否正确。

```
#include <iostream>
using namespace std;
class Time
  { void set_time(void);
    void show_time(void);
    int hour;
    int minute;
    int sec;
  };
Time t;
int main( )
  {
   set_time( );
   show_time( );
  }
void set_time(void)
  {
   cin>>t.hour;
   cin>>t.minute;
   cin>>t.sec;
  }
void show_time(void)
  {
   cout<<t.hour<<":"<<t.minute<<":"<<t.sec<<endl;
  }
```

【解】 程序有以下错误:

（1）set_time 函数和 show_time 函数放在 Time 类的类体中，这表示是 Time 类的成员函数，但是在定义这两个函数时是按一般函数定义的。

（2）在 Time 类中没有指定访问权限（public 或 private），按 C++的规定，如不指定访问权限，按 private 处理。私有的成员在类外是不能调用的，在 set_time 函数和 show_time 函数中都引用了私有成员 hour，minute 和 sec，main 函数调用 set_time 函数和 show_time 函数都是不行的。

（3）在 main 函数中调用 set_time 函数和 show_time 函数，而这两个函数是在 main 函数之后定义的，而在 main 函数中并未对这两个函数进行声明。

可以将 set_time 函数和 show_time 函数改为普通函数（非成员函数）。在下一题的解答中再将它们处理为成员函数。

（4）在 main 函数的最后缺少返回语句。

return 0;

修改后的程序如下：

```
#include <iostream>
using namespace std;
class Time
  {public:                          //成员改为公用的
      int hour;
      int minute;
      int sec;
  };
Time t;
void set_time(void)                 //在 main 函数之前定义
 {
  cin>>t.hour;
  cin>>t.minute;
  cin>>t.sec;
 }
void show_time(void)                //在 main 函数之前定义
 {
  cout<<t.hour<<":"<<t.minute<<":"<<t.sec<<endl;
 }
int main( )
  {set_time( );
   show_time( );
   return 0;
  }
```

运行结果：
12 34 56↙
12:34:56

2．改写本章例 8.1 程序，要求：

（1）将数据成员改为私有的；

（2）将输入和输出的功能改为由成员函数实现；

（3）在类体内定义成员函数。

【解】 修改后的程序如下：

```
#include <iostream>
class Time
  {public:
    void set_time(void)
     {cin>>hour;
      cin>>minute;
      cin>>sec;
     }
    void show_time(void)
     {cout<<hour<<":"<<minute<<":"<<sec<<endl;}
   private:
     int hour;
     int minute;
     int sec;
  };
Time t;
int main( )
 {t.set_time( );
  t.show_time( );
  return 0;
 }
```

程序运行结果同上题。在 set_time 函数和 show_time 函数中引用本对象的数据成员时，不必加对象名（如 t.hour）。当然，加对象名也可以，二者是等价的。但是为了程序的简单易读，习惯上不加对象名。

3．在第 2 题的基础上进行如下修改：在类体内声明成员函数，而在类外定义成员函数。

【解】 修改后的程序如下：

```
#include < iostream >
class Time
  {public:
    void set_time(void);           //在类体内声明成员函数
    void show_time(void);          //在类体内声明成员函数
   private:
    int hour;
    int minute;
    int sec;
  };
```

```
void Time::set_time(void)                    //在类外定义成员函数
   {cin>>hour;
    cin>>minute;
    cin>>sec;
    }
void Time::show_time(void)                   //在类外定义成员函数
   {cout<<hour <<":"<< minute<<":"<< sec<< endl;}
Time t;
int main( )
 {
  t.set_time( );
  t.show_timc( );
  return 0;
 }
```

4. 在本章第 8.3.3 节中分别给出了包含类定义的头文件 student.h，包含成员函数定义的源文件 student.cpp 以及包含主函数的源文件 main.cpp。请完善该程序，在类中增加一个对数据成员赋初值的成员函数 set_value。上机调试并运行。

【解】 为了便于查找，在本题中将源文件 main.cpp 改名为 xt8-4-1.cpp，student.cpp 改名为 xt8-4-2.cpp，student.h 改名为 xt8-4.h。并对程序作修改，增加了一个对数据成员赋初值的成员函数 set_value。这 3 个文件的内容如下：

（1）文件 xt8-4-1.cpp

```
//xt8-4-1.cpp（即 main.cpp）           本文件包括主函数和有关的 include 命令
#include <iostream>
using namespace std;
#include "xt8-4.h"                    //即"student.h"
int main( )
{Student stud;
 stud.set_value( );
 stud.display( );
 return 0;
}
```

（2）文件 xt8-4-2.cpp

```
//xt8-4-2.cpp（即 student.cpp）        在此文件中进行函数的定义
#include <iostream>
using namespace std;
#include "xt8-4.h"                    //不要漏写此行
void Student::display( )              //在类外定义 display 类函数
{ cout<<"num:"<<num<<endl;
  cout<<"name:"<<name<<endl;
  cout<<"sex:"<<sex<<endl;
}
```

```
void Student::set_value( )
{ cin>>num;
  cin>>name;
  cin>>sex;
}
```

(3) 文件 xt8-4.h

```
//xt8-4.h（即 student.h）                    在此文件中进行类定义
class Student
{ public:
    void display( );
    void set_value( );
  private:
    int num;
    char name[20];
    char sex ;
};
```

根据教材第 4 章 4.11 节介绍的对包含多文件的 C++程序的处理的方法，对程序进行编译、连接和运行。下面是在 VC++ 6.0（中文版）环境下工作的步骤：

（1）建立项目文件。在 Visual C++主窗口中依次选择"文件"→"新建"命令，在弹出的"新建"对话框中单击"工程"标签，在对话框内左边的列表中选择"Win32 Console Application"项，并在右侧"位置"框中输入所建的项目文件的位置（即文件路径），这里已经把 xt8-4-1.cpp，xt8-4-2.cpp 和 xt8-4.h 放在 D:/C++子目录下，也准备将新的项目文件放在 D:/C++子目录下，因此输入"D:/C++"。在"工程"框中输入项目文件名"xt8_4"（注意，文件名中不能包含减号"–"，只能包含下划线"_"）。然后单击"确定"按钮，出现"Win32 Console Application –step 1 of 1"对话框，选择"An empty project"，单击"完成"按钮。此时出现一个"新建工程信息"消息框，在它的下部可以看到已建立了一个项目文件，其路径为 D:/C++/xt8_4。单击"确定"按钮。在窗口左侧可以看到已打开了一个名为"xt8_4"的工作区。

（2）向此项目文件添加内容。方法是：在 Visual C++主窗口中选择"工程"→"添加工程"→"Files…"，此时屏幕上出现"Insert Files into Project"对话框。按文件路径找到并选中源文件 xt8-4-1.cpp，xt8-4-2.cpp 和 xt8-4.h，单击"确定"按钮，就把这 3 个文件添加到项目文件 xt8_4 中了。

（3）编译和连接项目文件 xt8_4。方法是：在 Visual C++主窗口中选择"编译"→"构建 xt8_4.exe"。系统对整个项目文件进行编译和连接，在窗口的下部会显示编译和连接的信息。如果程序有错，会显示出错信息。今程序无错，系统生成一个可执行文件 xt8_4.exe。

（4）执行可执行文件。选择"编译"→"执行 xt8_4.exe"，进入执行阶段。在运行时输入所需的数据：

101↙   (输入学号)
Li↙   (输入姓名)

```
    f↙                              (输入性别)
    num:101                         (输出学号)
    name:Li                         (输出姓名)
    sex:f                           (输出性别)
```

5．将本章例 8.4 改写为一个多文件的程序：

（1）将类定义放在头文件 arraymax.h 中；

（2）将成员函数定义放在源文件 arraymax.cpp 中；

（3）主函数放在源文件 file1.cpp 中。

请编写出完整的程序，上机调试并运行。

【解】 按题目要求将程序分别写成 3 个文件。为了便于查找，将主函数所在的源文件 file1.cpp 改名为 xt8-5-1.cpp，成员函数定义所在的文件 arraymax.cpp 改名为 xt8-5-2.cpp，类定义所在的头文件 arraymax.h 改名为 xt8-5.h。这 3 个文件的内容如下：

（1）文件 xt8-5-1.cpp

```cpp
//xt8-5-1.cpp(file1.cpp)
#include <iostream>
using namespace std;
#include "xt8-5.h"
int main( )
 {Array_max   arrmax;
  arrmax.set_value( );
  arrmax.max_value( );
  arrmax.show_value( );
  return 0;
 }
```

（2）文件 xt8-5-2.cpp

```cpp
//xt8-5-2.cpp(arraymax.cpp)
#include <iostream>
using namespace std;
#include "xt8-5.h"
void Array_max::set_value( )
 { int i;
   for (i=0;i<10;i++)
     cin>>array[i];
 }
void Array_max::max_value( )
 {int i;

  max=array[0];
  for (i=1;i<10;i++)
    if(array[i]>max) max=array[i];
  }
void Array_max::show_value( )
```

```
    {cout<<"max="<<max<<endl;
    }
```

（3）文件 xt8-5.h
```
//xt8-5.h(arraymax.h)
class Array_max
{public:
    void set_value( );
    void max_value( );
    void show_value( );
   private:
    int array[10];
    int max;
};
```

按第 4 题的方法，在 Visual C++环境下进行编译、连接和运行。
运行结果：

2 14 27 9 34 67 34 43 –91 16↙　　　　　　　（输入 10 个元素的值）
max=67　　　　　　　　　　　　　　　　　（输出 10 个元素中的最大值）

6．需要求 3 个长方柱的体积，请编写一个基于对象的程序。数据成员包括 length
（长）、width（宽）、height（高）。要求用成员函数实现以下功能：

（1）由键盘分别输入 3 个长方柱的长、宽、高；
（2）计算长方柱的体积；
（3）输出 3 个长方柱的体积。
请编写程序，上机调试并运行。

【解】
（1）按题目要求可以编程如下：
```
#include <iostream>
using namespace std;
class Box                                 //定义 Box 类
{public:
    void get_value( );
    float volume( );
    void display( );
   public:
    float length;
    float width;
    float height;
    };
void Box::get_value( )                    //输入数据的函数
{ cout<<"please input length,width,height:";   //对输入的提示
    cin>>length;
    cin>>width;
```

```
        cin>>height;
   }
float Box::volume( )                              //计算体积的函数
{ return(length*width*height);}

void Box::display( )                              //输出结果的函数
{ cout<<volume( )<<endl;}
int main( )
{Box box1,box2,box3;                              //定义 3 个 box 类的对象
 box1.get_value( );                               //输入 box1 的数据
 cout<<"volume of box1 is ";                      //对输出 box1 的文字说明
 box1.display( );                                 //输出 box1 的体积
 box2.get_value( );
 cout<<"volume of box2 is ";
 box2.display( );
 box3.get_value( );
 cout<<"volume of box3 is ";
 box3.display( );
 return 0;
}
```

运行结果：
please input length,width,height:10.5 24.5 12.3↙
volume of box1 is 3164.18
please input length,width,height:12.3 22.4 11.3↙
volume of box2 is 3113.38
please input length,width,height:8.9 54.24 71.2↙
volume of box1 is 34370.8

以上是用 3 个成员函数分别实现输入、计算和输出的功能，volume 函数是 float 型的函数，返回一个实数。在 display 函数中输出 volume 函数的值。

（2）也可以将 volume 函数定义为 void 类型，它也是用来计算体积的，但它不返回体积的值，另设一个数据成员 vol，用来存放体积的值。程序可以改写如下：

```
#include <iostream>
class Box
{public:
   void get_value( );
   void volume( );
   void display( );
 public:
   float length;
   float width;
   float height;
   float vol;                                     //vol 用来存放体积的值
};
void Box::get_value( )
```

```
{ cout<<"please input length, width,height:";
  cin>>length;
  cin>>width;
  cin>>height;
}
void Box::volume( )                            //volume 函数为 void 类型
{ vol=length*width*height;}                    //体积存放在 vol 中

void Box::display( )
{ cout<<vol<<endl;}                            //输出 vol 的值
int main( )
{Box box1,box2,box3;
  box1.get_value( );                           //输入 box1 的数据
  box1.volume( );                              //计算体积
  cout<<"volume of box1 is ";
  box1.display( );                             //输出 box1 的体积
  box2.get_value( );
  box2.volume( );
  cout<<"volume of box2 is ";
  box2.display( );
  box3.get_value( );
  box3.volume( );
  cout<<"volume of box3 is ";
  box3.display( );
  return 0;
}
```

第 9 章 关于类和对象的进一步讨论

1. 构造函数和析构函数的作用是什么？什么时候需要自己定义构造函数和析构函数？

【解】 略。

2. 分析下面的程序，写出其运行时的输出结果。

```cpp
#include <iostream>
using namespace std;
class Date
  {public:
    Date(int,int,int);
    Date(int,int);
    Date(int);
    Date( );
    void display( );
  private:
    int month;
    int day;
    int year;
  };
Date::Date(int m,int d,int y): month(m),day(d),year(y)
  { }
Date::Date(int m,int d): month(m),day(d)
  {year=2005;}
Date::Date(int m):month(m)
  {day=1;
   year=2005;
  }
Date::Date( )
  {month=1;
   day=1;
   year=2005;
  }
```

```
void Date::display( )
  {cout<<month<<"/"<<day<<"/"<<year<<endl;}
int main( )
{
 Date d1(10,13,2005);
 Date d2(12,30);
 Date d3(10);
 Date d4;
 d1.display( );
 d2.display( );
 d3.display( );
 d4.display( );
 return 0;
 }
```

【解】 运行结果：
10/13/2005
12/30/2005
10/1/2005
1/1/2005

3．如果将第 2 题中程序的第 4 行改为用默认参数，即

　　Date(int=1,int=1,int=2005);

分析程序有无问题。上机编译，分析出错信息，修改程序使之能通过编译。要求保留上面一行给出的构造函数，同时能输出与第 2 题的程序相同的输出结果。

【解】 编译时出错，因为构造函数使用默认参数后就不能再使用重载的构造函数，否则就会出现歧义性，例如在处理

　　Date d2(12,30);

时，系统无法辨别应当调用默认参数的构造函数

　　Date(int=1,int=1,int=2005);

还是调用重载的构造函数

　　Date(int,int);

系统不允许出现这样的矛盾现象，会给出出错信息，要求修改程序。可修改程序如下：

```
#include <iostream>
using namespace std;
class Date
 {public:
   Date(int=1,int=1,int=2005);
```

```
    void display( );
  private:
    int month;
    int day;
    int year;
};
Date::Date(int m,int d,int y):month(m),day(d),year(y)
  { }
void Date::display( )
  {cout<<month<<"/"<<day<<"/"<<year<<endl;}
int main( )
{
 Date d1(10,13,2005);
 Date d2(12,30);
 Date d3(10);
 Date d4;
 d1.display( );
 d2.display( );
 d3.display( );
 d4.display( );
 return 0;
}
```

删去重载的构造函数，这时再编译，无错误，运行结果同第 2 题。

4．建立一个对象数组，内放 5 个学生的数据（学号、成绩），用指针指向数组首元素，输出第 1，3，5 个学生的数据。

【解】 程序如下：

```
#include <iostream>
using namespace std;
class Student
  {public:
     Student(int n,float s):num(n),score(s){}
     void display( );
   private:
     int num;
     float score;
  };
void Student::display( )
  {cout<<num<<" "<<score<<endl;}
int main( )
{Student stud[5]={
 Student(101,78.5),Student(102,85.5),Student(103,98.5),
 Student(104,100.0),Student(105,95.5)};
 Student *p=stud;
```

```
    for(int i=0;i<=2;p=p+2,i++)
       p->display( );
    return 0;
  }
```

运行结果：
101 78.5
103 98.5
105 95.5

5．建立一个对象数组，内放 5 个学生的数据（学号、成绩），设立一个函数 max，用指向对象的指针作函数参数，在 max 函数中找出 5 个学生中成绩最高者，并输出其学号。

【解】 程序如下：
```
#include <iostream>
using namespace std;
class Student
  {public:
     Student(int n,float s):num(n),score(s){ }
     int num;
     float score;
  };
int main( )
{Student stud[5]={
  Student(101,78.5),Student(102,85.5),Student(103,98.5),
  Student(104,100.0),Student(105,95.5)};
  void max(Student* );
  Student *p=&stud[0];
  max(p);
  return 0;
 }
void max(Student *arr)
{float max_score=arr[0].score;
 int k=0;
 for(int i=1;i<5;i++)
   if(arr[i].score>max_score) {max_score=arr[i].score;k=i;}
 cout<<arr[k].num<<" "<<max_score<<endl;
}
```

6．阅读下面程序，分析其执行过程，写出输出结果。
```
#include <iostream>
using namespace std;
class Student
  {public:
     Student(int n,float s):num(n),score(s){ }
     void change(int n,float s) {num=n;score=s;}
```

```
        void display( ) {cout<<num<<" "<<score<<endl;}
      private:
        int num;
        float score;
    };
int main( )
{Student stud(101,78.5);
 stud.display( );
 stud.change(101,80.5);
 stud.display( );
 return 0;
}
```

【解】 函数 stud.display 的作用是输出对象 stud 中数据成员 num 和 score 的值，函数 stud.change 的作用是改变对象 stud 中数据成员 num 和 score 的值，在调用此函数时给出实参 101 和 80.5，取代了数据成员 num 和 score 原有的值。

程序运行结果如下：

101 78.5   (num 和 score 的原值)
101 80.5   (num 和 score 的新值)

7. 将第 6 题的程序分别作以下修改，分析所修改部分的含义以及编译和运行的情况。
（1）将 main 函数中的第 2 行改为

const Student stud(101,78.5);

（2）在（1）的基础上修改程序，使之能正常运行，用 change 函数修改数据成员 num 和 score 的值。

（3）将 main 函数改为

```
int main( )
{Student stud(101,78.5);
 Student *p=&stud;
 p->display( );
 p->change(101,80.5);
 p->display( );
 return 0;
}
```

其他部分仍同第 6 题的程序。
（4）在（3）的基础上将 main 函数第 3 行改为

const   Student *p=&stud;

（5）再把 main 函数第 3 行改为

Student *const p=&stud;

【解】

(1) 有两个错误：

① stud 被声明为常对象后，不能调用对象中的一般成员函数（除非把该成员函数也声明为 const 型），因此在 main 函数中调用 stud.display( ) 和 stud.change( ) 是非法的。

② 若将对象 stud 声明为常对象，其值是不可改变的，而在主程序中，企图用 stud.change 函数去改变 stud 中数据成员的值，是非法的。

因此程序在编译时出错。如果将程序第 7 行改为

void display( ) const {cout<<num<<" "<<score<<endl;}

把 display 函数改为 const 型，可以正常调用 display 函数。如果把第 6 行也改为

void change(int n,float s) const {num=n;score=s;}

程序编译时仍然出错，这是由于 change 函数企图改变 stud 中数据成员的值。如果删去 main 函数中调用 change 函数的一行（可把它改为注释行），则程序能通过编译，可以正常运行。读者可以自己上机调试一下。

(2) 要求用 change 函数修改数据成员 num 和 score 的值，则将数据成员 num 和 score 声明为可变的（mutable）数据成员即可。程序如下：

```
#include <iostream>
using namespace std;
class Student
  {public:
    Student(int n,float s):num(n),score(s){ }
    void change(int n,float s) const   {num=n;score=s;}       //常成员函数
    void display( )const {cout<<num<<" "<<score<<endl;}       //常成员函数
   private:
    mutable int num;                    //用 mutable 声明可变的数据成员
    mutable float score;                //用 mutable 声明可变的数据成员
  };
int main( )
{const Student stud(101,78.5);          //常对象
 stud.display( );                       //调用常成员函数
 stud.change(101,80.5);                 //调用常成员函数，修改数据成员
 stud.display( );
 return 0;
}
```

运行结果：

101 78.5   (修改前的数据)

101 80.5   (修改后的数据)

（3）根据题目要求，程序改为

```
#include <iostream>
using namespace std;
class Student
  {public:
    Student(int n,float s):num(n),score(s){ }
    void change(int n,float s) {num=n;score=s;}
    void display( ) {cout<<num<<" "<<score<<endl;}
   private:
    int num;
    float score;
  };
int main( )
{Student stud(101,78.5);
 Student *p=&stud;
 p->display( );
 p->change(101,80.5);
 p->display( );
 return 0;
}
```

在主函数中定义了指针对象 p，它指向 stud，函数 p->display( )相当于 stud.display( )。程序合法，运行结果与第 6 题的程序运行结果相同。

（4）在（3）的基础上将 main 函数第 3 行改为

const   Student *p=&stud;

程序如下：

```
#include <iostream>
using namespace std;
class Student
  {public:
    Student(int n,float s):num(n),score(s){ }
    void change(int n,float s) {num=n;score=s;}
    void display( ) {cout<<num<<" "<<score<<endl;}
   private:
    int num;
    float score;
  };
int main( )
{Student stud(101,78.5);
 const Student *p=&stud;
 p->display( );
 p->change(101,80.5);
 p->display( );
```

```
    return 0;
}
```

在主函数中定义了指向 const 对象的指针变量 p，则其指向的对象的值是不能通过指针变量 p 改变的。为了安全，C++也不允许通过指针变量 p 调用对象 stud 中的非 const 成员函数，在 main 函数中调用 p->display( )和 p->change( )是非法的。为了能正确调用 stud 中的 display 函数，应将程序第 7 行改为

```
void display( ) const {cout<<num<<" "<<score<<endl;}
```

即将 display 函数声明为 const 型。这样保证 display 函数只能引用而不能修改类中的数据成员。

此外，p->change( )企图通过指针变量 p 修改类中的数据成员的值，这也是和指向 const 对象的指针变量的性质不相容的，编译时出错。

在上面的基础上，将程序改为

```
#include <iostream>
using namespace std;
class Student
 {public:
    Student(int n,float s):num(n),score(s){ }
    void change(int n,float s) {num=n;score=s;}
    void display( ) const{cout<<num<<" "<<score<<endl;}      //此行加了 const
  private:
    int num;
    float score;
 };
int main( )
{Student stud(101,78.5);
 const Student *p=&stud;
 p->display( );
 stud.change(101,80.5);             //注意此行修改了
 p->display( );
 return 0;
}
```

在 main 函数中，不是通过指针变量 p 修改数据成员，而直接通过对象名 stud 调用 change 函数则是允许的，编译能通过。因为并未定义 stud 为常对象，只是定义了 p 是指向 const 对象的指针变量，不能通过指针变量 p 修改类中的数据成员的值，而不通过指针变量 p 修改类中的数据成员的值是可以的。

同样，如果不是通过指针变量 p 调用 display 函数（即 p->display( );），而是通过对象名 stud 调用 display 函数，则不必将 display 函数声明为 const 型。

（5）再把 main 函数第 3 行改为

```
Student *const p=&stud;
```

定义了一个指向对象的常指针，要求指针变量 p 的指向不能改变，只能始终指向对象 stud。今在程序中未改变 p 的指向，因此程序合法，而且不需要在定义 display 和 change 函数时将它们声明为 const。程序能通过编译，并正常运行。

运行结果与第 6 题相同。

8. 修改第 6 题的程序，增加一个 fun 函数，改写 main 函数。在 main 函数中调用 fun 函数，在 fun 函数中调用 change 和 display 函数。在 fun 函数中使用对象的引用（Student &）作形参。

【解】 可以编写出以下程序：

```
#include <iostream>
using namespace std;
class Student
 {public:
   Student(int n,float s):num(n),score(s){ }
   void change(int n,float s) {num=n;score=s;}
   void display( ) {cout<<num<<" "<<score<<endl;}
   private:
    int num;
    float score;
 };
int main( )
{Student stud(101,78.5);
  void fun(Student &);          //声明 fun 函数
  fun(stud);                    //调用 fun 函数, 实参为对象 stud
  return 0;
}
void fun(Student &stu)          //定义 fun 函数, 形参为 Student 类对象的引用
{stu.display( );                //在 fun 函数中调用 change 和 display 函数
 stu.change(101,80.5);
 stu.display( );
}
```

运行结果：

101 78.5
101 80.5

9. 商店销售某一商品，每天公布统一的折扣（discount）。同时允许销售人员在销售时灵活掌握售价（price），在此基础上，一次购 10 件以上者，还可以享受 9.8 折优惠。现已知当天 3 个销货员的销售情况为

销货员号（num）	销货件数（quantity）	销货单价（price）
101	5	23.5
102	12	24.56
103	100	21.5

请编写程序，计算出当日此商品的总销售款 sum 以及每件商品的平均售价。要求用静态数据成员和静态成员函数。

提示：将折扣 discount，总销售款 sum 和商品销售总件数 n 声明为静态数据成员，再定义静态成员函数 average（求平均售价）和 display（输出结果）。

【解】 可以编写出以下程序：

```
#include <iostream>
using namespace std;
class Product
  {public:
     Product(int m,int q,float p):num(m),quantity(q),price(p){ };
     void total( );
     static float average( );
     static void display( );
   private:
     int num;                          //销货员号
     int quantity;                     //销货件数
     float price;                      //销货单价
     static float discount;            //商店统一折扣
     static float sum;                 //总销售款
     static int n;                     //商品销售总件数
  };
void Product::total( )                 //求销售款和销售件数
  {float rate=1.0;
   if(quantity>10) rate=0.98*rate;
   sum=sum+quantity*price*rate*(1−discount);  //累计销售款
   n=n+quantity;                              //累计销售件数
  }
void Product::display( )               //输出销售总件数和平均价
  {cout<<sum<<endl;
   cout<<average( )<<endl;
  }
float Product::average( )              //求平均价
  {return(sum/n);}

  float Product::discount=0.05;        //对静态数据成员初始化
  float Product::sum=0;                //对静态数据成员初始化
  int Product::n=0;                    //对静态数据成员初始化
int main( )
  { Product Prod[3]={Product(101,5,23.5),Product(102,12,24.56),Product(103,100,21.5)};
                                       //定义 Product 类对象数组，并给出数据
    for(int i=0;i<3;i++)               //统计 3 个销货员的销货情况
      Prod[i].total( );
    Product::display( );               //输出结果
```

```
        return 0;
    }
```

运行结果：
2387.66   (总销售款)
20.4073   (平均售价)

读者可以在此基础上对输出结果做一些加工和修饰，如加上必要的文字说明，对输出的数值取两位小数等。

10. 将例 9.13 程序中的 display 函数不放在 Time 类中，而作为类外的普通函数，然后分别在 Time 和 Date 类中将 display 声明为友元函数。在主函数中调用 display 函数，display 函数分别引用 Time 和 Date 两个类的对象的私有数据，输出年、月、日和时、分、秒。请读者完成并上机调试。

【解】 可以编写出以下程序：

```
#include <iostream>
using namespace std;
class Date;                                   //对 Date 的声明，它是对 Date 的预引用
class Time
  {public:
    Time(int,int,int);
    friend void display(const Date &,const Time &);   //将普通函数 display 声明为朋友
   private:
    int hour;
    int minute;
    int sec;
};
Time::Time(int h,int m,int s)
  {hour=h;
   minute=m;
   sec=s;
  }
class Date
  {public:
    Date(int,int,int);
    friend void display(const Date &,const Time &);   //将普通函数 display 声明为朋友
   private:
    int month;
    int day;
    int year;
};
Date::Date(int m,int d,int y)
  {month=m;
```

```
        day=d;
      year=y;
    }
    void display(const Date &d,const Time &t)      //是 Time 和 Date 两个类的朋友
    {
      cout<<d.month<<"/"<<d.day<<"/"<<d.year<<endl;   //引用 Date 类对象 t1 中的数据成员
      cout<<t.hour<<":"<<t.minute<<":"<<t.sec<<endl;  //引用 Time 类对象 t1 中的数据成员
    }
    int main( )
    {
     Time t1(10,13,56);           //定义 Time 类对象 t1
     Date d1(12,25,2004);         //定义 Date 类对象 d1
     display(d1,t1);              //调用 display 函数,用对象名作实参
     return 0;
    }
```

运行结果:
12/25/2004
10:13:56

11. 将例 9.13 中的 Time 类声明为 Date 类的友元类,通过 Time 类中的 display 函数引用 Date 类对象的私有数据,输出年、月、日和时、分、秒。

【解】 可以编写出以下程序:

```
#include <iostream>
using namespace std;
class Time;
class Date
  {public:
    Date(int,int,int);
    friend Time;                 //将 Time 类声明为朋友类
   private:
    int month;
    int day;
    int year;
  };
Date::Date(int m,int d,int y):month(m),day(d),year(y){ }
class Time
  {public:
    Time(int,int,int);
    void display(const Date &);
   private:
    int hour;
    int minute;
    int sec;
```

```
    };
    Time::Time(int h,int m,int s):hour(h),minute(m),sec(s){ }
    void Time::display(const Date &d)
     {
       cout<<d.month<<"/"<<d.day<<"/"<<d.year<<endl;    //引用 Date 类对象 d1 的数据成员
       cout<<hour<<":"<<minute<<":"<<sec<<endl;          //引用 Time 类对象 d1 的数据成员
     }
    int main( )
    {
     Time t1(10,13,56);
     Date d1(12,25,2004);
     t1.display(d1);
     return 0;
    }
```

运行结果：
12/25/2004
10:13:56

由于 Time 类是 Date 类的友元类，因此 Time 类中的成员函数都是 Date 类的友元函数，它既可以引用 Time 类对象的数据成员，又可以引用 Date 类对象的数据成员。在引用本类(Time 类)的数据成员时，不必在数据成员名前面加对象名，而在引用 Date 类的数据成员时必须在数据成员名前面加上对象名（如 d.month。d 是形参名，实参是对象 d1，因此 d.month 相当于 d1.month）。

12．将例 9.14 改写为在类模板外定义各成员函数。

【解】 改写后的程序如下：

```
#include <iostream>
using namespace std;
template<class numtype>
class Compare
  {public:
       Compare(numtype a,numtype b);
       numtype max( );
       numtype min( );
   private:
       numtype x,y;
  };
//在类模板外定义各成员函数
template <class numtype>
Compare<numtype>::Compare(numtype a,numtype b)
   {x=a;y=b;}
template <class numtype>
numtype Compare<numtype>::max( )
   {return (x>y)?x:y;}
```

```
template <class numtype>
numtype Compare<numtype>::min( )
    {return (x<y)?x:y;}
//主函数
int main( )
{Compare<int> cmp1(3,7);
  cout<<cmp1.max( )<<" is the Maximum of two integer numbers."<<endl;
  cout<<cmp1.min( )<<" is the Minimum of two integer numbers."<<endl<<endl;
  Compare<float> cmp2(45.78,93.6);
  cout<<cmp2.max( )<<" is the Maximum of two float numbers."<<endl;
  cout<<cmp2.min( )<<" is the Minimum of two float numbers."<<endl<<endl;
  Compare<char> cmp3('a','A');
  cout<<cmp3.max( )<<" is the Maximum of two characters."<<endl;
  cout<<cmp3.min( )<<" is the Minimum of two characters."<<endl;
  return 0;
}
```

运行结果：
7 is the Maximum of two integers.
3 is the Minimum of two integers.

93.6 is the Maximum of two float numbers.
45.78 is the Minimum of two float numbers.

a is the Maximum of two characters.
A is the Minimum of two characters .

第 10 章 运算符重载

1. 定义一个复数类 Complex，重载运算符"+"，使之能用于复数的加法运算。将运算符函数重载为非成员、非友元的普通函数。编写程序，求两个复数之和。

【解】 根据题意，可编程序如下：

```
#include <iostream>
using namespace std;
class Complex
  {public:
    Complex( ){real=0;imag=0;}
    Complex(double r,double i){real=r;imag=i;}
    double get_real( );                          //声明 get_real 函数
    double get_imag( );                          //声明 get_imag 函数
    void display( );
   private:
    double real;
    double imag;
 };
double Complex::get_real( )                      //取数据成员 real(实部)的值
{return real;}
double Complex::get_imag( )                      //取数据成员 imag(虚部)的值
{return imag;}
void Complex::display( )
{cout<<"("<<real<<","<<imag<<"i)"<<endl;}
Complex operator+(Complex &c1,Complex &c2)
{return Complex(c1.get_real( )+c2.get_real( ),c1.get_imag( )+c2.get_imag( ));}
int main( )
{Complex c1(3,4),c2(5,–10),c3;
 c3=c1+c2;
 cout<<"c3=";
 c3.display( );
 return 0;
}
```

运行结果：

c3=(8,-6i)

说明：

（1）运算符重载函数既不是类 Complex 的成员函数，也不是类 Complex 的友元函数，而是一个普通函数。

（2）由于运算符重载函数 operator+是非成员和非友元的普通函数，因此它不能直接引用 Complex 类中的私有成员，在此函数中以下的写法是错误的：

return Complex(c1.real+c2.real,c1.imag+c2.imag);

只能通过 Complex 类中的公用函数 get_real 和 get_imag 去引用类的私有成员 real 和 imag。

（3）公用函数 get_real 和 get_imag 的类型是 double，get_real( )的返回值是 real，get_imag( )的返回值是 imag。因此，c1.get_real( )+c2.get_real( )就相当于 c1.real + c2.real，而 c1.get_imag( )+c2.get_imag( )就相当于 c1.imag+c2.imag。运算符重载函数的返回值是两个复数 c1 和 c2 之和。

（4）虽然程序能正常运行，且结果正确，但这个程序并不是理想的。请看引用 Complex 类对象私有成员的步骤：在主函数中用 c1+c2 调用运算符重载函数 operator+ → 在运算符重载函数中调用 Complex 类的公用函数 get_real 和 get_imag → get_real 和 get_imag 引用本类中的私有成员。兜了一个圈子，很不直观，很不方便。显然这种方法不如将运算符函数重载为成员函数和友元函数方便。

（5）本习题的目的是：①学习编写基于对象的程序，提高编程能力，学会在不同的情况下找到解决问题的方法；②更重要的是比较运算符函数重载的不同方法，得到一个结论：一般不把运算符函数重载为非成员和非友元的普通函数。

2．定义一个复数类 Complex，重载运算符"+"，"–"，"*"，"/"，使之能用于复数的加、减、乘、除。运算符重载函数作为 Complex 类的成员函数。编写程序，分别求两个复数之和、差、积和商。

【解】 从数学知识可知：

如果有两个复数：$m = a + bi, n = c + di$。复数的加、减、乘、除的公式如下：

（1）复数加法：$m + n = a + bi + c + di = (a + c) + (b + d)i$

（2）复数减法：$m - n = a + bi - c - di = (a - c) + (b - d)i$

（3）复数乘法：$m \times n = (a + bi)(c + di) = ac + bci + adi + bdi^2 = (ac - bd) + (bc + ad)i$

（4）复数除法：

$$\frac{m}{n} = \frac{a+bi}{c+di} = \frac{(a+bi)(c-di)}{(c+di)(c-di)} = \frac{ac + bci - adi - bdi^2}{c^2 + d^2} = \frac{(ac + bd) + (bc - ad)i}{c^2 + d^2}$$

$$= \frac{ac + bd}{c^2 + d^2} + \frac{bc - ad}{c^2 + d^2}i$$

根据以上公式，可以写出以下程序：

#include <iostream>

using namespace std;

```cpp
class Complex
  {public:
      Complex( ){real=0;imag=0;}
      Complex(double r,double i){real=r;imag=i;}
      Complex operator + (Complex &c2);
      Complex operator – (Complex &c2);
      Complex operator*(Complex &c2);
      Complex operator/(Complex &c2);
      void display( );
   private:
      double real;
      double imag;
  };
Complex Complex::operator + (Complex &c2)      //重载运算符"+"
{Complex c;
 c.real=real+c2.real;                           //计算实部
 c.imag=imag+c2.imag;                           //计算虚部
 return c;
}
Complex Complex::operator– (Complex &c2)       //重载运算符"–"
{Complex c;
 c.real=real– c2.real;                          //计算实部
 c.imag=imag– c2.imag;                          //计算虚部
 return c;
}
Complex Complex::operator*(Complex &c2)        //重载运算符"*"
{Complex c;
 c.real=real*c2.real–imag*c2.imag;              //计算实部
 c.imag=imag*c2.real+real*c2.imag;              //计算虚部
 return c;
}
Complex Complex::operator/(Complex &c2)        //重载运算符"/"
{Complex c;
 c.real=(real*c2.real+imag*c2.imag)/(c2.real*c2.real+c2.imag*c2.imag);   //计算实部
 c.imag=(imag*c2.real–real*c2.imag)/(c2.real*c2.real+c2.imag*c2.imag);   //计算虚部
 return c;
}
void Complex::display( )
{cout<<"("<<real<<","<<imag<<"i)"<<endl;        //输出复数
}
int main( )
{Complex c1(3,4),c2(5,–10),c3;
 c3=c1+c2;
 cout<<"c1+c2=";
```

```
      c3.display( );
      c3=c1-c2;
      cout<<"c1-c2=";
      c3.display( );
      c3=c1*c2;
      cout<<"c1*c2=";
      c3.display( );
      c3=c1/c2;
      cout<<"c1/c2=";
      c3.display( );
      return 0;
  }
```

运行结果：
c1 + c2=(8,- 6i)
c1 - c2=(-2,14i)
c1*c2=(55,-10i)
c1/c2=(- 0.2,0.4i)

3．定义一个复数类 Complex，重载运算符"+"，使之能用于复数的加法运算。参加运算的两个运算量可以都是类对象，也可以其中有一个是整数，顺序任意。例如，c1+c2，i+c1，c1+i 均合法（设 i 为整数，c1，c2 为复数）。编写程序，分别求两个复数之和、整数和复数之和。

【解】 程序如下：
```
#include <iostream>
using namespace std;
class Complex
  {public:
     Complex( ){real=0;imag=0;}
     Complex(double r,double i){real=r;imag=i;}
     Complex operator+(Complex &c2);              //运算符重载为成员函数
     Complex operator+(int &i);                   //运算符重载为成员函数
     friend Complex operator+(int&,Complex &);    //运算符重载为友元函数
     void display( );
   private:
     double real;
     double imag;
  };
Complex Complex::operator+(Complex &c)            //定义成员运算符函数
{return Complex(real+c.real,imag+c.imag);}
Complex Complex::operator+(int &i)                //定义成员运算符函数
{return Complex(real+i,imag);}
void Complex::display( )
{cout<<"("<<real<<","<<imag<<"i)"<<endl;}
```

```
    Complex operator+(int &i,Complex &c)              //定义友元运算符函数
    {return Complex(i+c.real,c.imag);}
    int main( )
    {Complex c1(3,4),c2(5,–10),c3;
     int i=5;
     c3=c1+c2;
     cout<<"c1+c2=";
     c3.display( );
     c3=i+c1;
     cout<<"i+c1=";
     c3.display( );
     c3=c1+i;
     cout<<"c1+i=";
     c3.display( );
     return 0;
    }
```

运行结果：
c1+c2=(8,– 6i)
i+c1=(8,4i)
c1+i=(8,4i)

在程序中对运算符"+"进行了 3 次重载，分别是

    Complex operator+(Complex &,Complex &);   //形参为类对象, 类对象
    Complex operator+(Complex &,int &);   //形参为类对象, 整型数
    Complex operator+(int &,Complex &);   //形参为整型数, 类对象

由于前两个重载函数的第一个参数为类对象，所以将它们作为类的成员函数，函数的第一个参数也可以省略。第 3 个重载函数的第一个参数为 int 型，不是类对象，不能作为类的成员函数，只能作为友元函数，函数的两个参数不能省略。

也可以将以上 3 个运算符函数都重载为友元函数，这时 3 个运算符函数都有两个参数，不能省略。注意在友元函数中引用数据成员必须用对象名（如 c.real,c.imag）。

4．有两个矩阵 a 和 b，均为 2 行 3 列。求两个矩阵之和。重载运算符"+"，使之能用于矩阵相加（如 c=a+b）。

【解】 程序如下：
```
#include <iostream>
using namespace std;
class Matrix                                    //定义 Matrix 类
  {public:
     Matrix( );                                 //默认构造函数
     friend Matrix operator+(Matrix &,Matrix &); //重载运算符"+"
     void input( );                             //输入数据函数
     void display( );                           //输出数据函数
```

```cpp
    private:
        int mat[2][3];
};
Matrix::Matrix( )                                    //定义构造函数
{for(int i=0;i<2;i++)
    for(int j=0;j<3;j++)
        mat[i][j]=0;
}
Matrix operator+(Matrix &a,Matrix &b)                //定义重载运算符+函数
{Matrix c;
  for(int i=0;i<2;i++)
    for(int j=0;j<3;j++)
        {c.mat[i][j]=a.mat[i][j]+b.mat[i][j];}
  return c;
}
void Matrix::input( )                                //定义输入数据函数
{cout<<"input value of matrix:"<<endl;
  for(int i=0;i<2;i++)
    for(int j=0;j<3;j++)
        cin>>mat[i][j];
}
void Matrix::display( )                              //定义输出数据函数
{for (int i=0;i<2;i++)
    {for(int j=0;j<3;j++)
        {cout<<mat[i][j]<<" ";}
        cout<<endl;}
}
int main( )
{Matrix a,b,c;
  a.input( );
  b.input( );
  cout<<endl<<"Matrix a:"<<endl;
  a.display( );
  cout<<endl<<"Matrix b:"<<endl;
  b.display( );
  c=a+b;                                             //用重载运算符"+"实现两个矩阵相加
  cout<<endl<<"Matrix c = Matrix a + Matrix b :"<<endl;
  c.display( );
  return 0;
}
```

运行结果：

input value of matrix:<u>11 22 33 44 55 66</u>↙

input value of matrix:<u>12 13 14 15 16 17</u>↙

Matrix a:
11 22 33
44 55 66

Matrix b:
12 13 14
15 16 17

Matrix c = Matrix a + Matrix b:
23 35 47
59 71 83

在定义对象 a，b，c 时没有给出实参，因为需要给各矩阵的所有元素赋值，数据量较大，故改用一个专门的函数 input 负责输入数据。在建立对象时，调用默认构造函数，使全部元素的初值为 0。

定义重载运算符"+"并不难，把矩阵 a 和 b 中对应的元素相加，赋给矩阵 c 的相应元素。

说明：以上程序是正确的，在 GCC 中能通过，但在 Visual C++ 6.0 环境下，此程序编译时通不过。Visual C++ 6.0 提供的头文件不支持运载符重载为友元函数。此时可将程序第 1，2 行改为下面一行即可。

#include <iostream.h>

以后在用 Visual C++ 6.0 时若遇此情况，也可按此处理。

5．在第 4 题的基础上，重载流插入运算符"<<"和流提取运算符">>"，使之能用于该矩阵的输入和输出。

【解】 程序如下：

```cpp
#include <iostream>
using namespace std;
class Matrix
  {public:
    Matrix( );
    friend Matrix operator+(Matrix &,Matrix &);         //重载运算符"+"的函数声明
    friend ostream& operator<<(ostream&,Matrix&);       //重载运算符"<<"的函数声明
    friend istream& operator>>(istream&,Matrix&);       //重载运算符">>"的函数声明
   private:
    int mat[2][3];
  };
Matrix::Matrix( )
 {for(int i=0;i<2;i++)
   for(int j=0;j<3;j++)
     mat[i][j]=0;
```

```
}
Matrix operator+(Matrix &a,Matrix &b)            //定义运算符"+"的重载函数
{Matrix c;
  for(int i=0;i<2;i++)
    for(int j=0;j<3;j++)
      {c.mat[i][j]=a.mat[i][j]+b.mat[i][j];
      }
  return c;
}
istream& operator>>(istream &in,Matrix &m)       //定义运算符">>"的重载函数
{cout<<"input value of matrix:"<<endl;
  for(int i=0;i<2;i++)
    for(int j=0;j<3;j++)
      in>>m.mat[i][j];
  return in;
}
ostream& operator<<(ostream &out,Matrix &m)      //定义运算符"<<"的重载函数
{for (int i=0;i<2;i++)
   {for(int j=0;j<3;j++)
     {out<<m.mat[i][j]<<" ";}
     out<<endl;
   }
  return out;
}
int main( )
{ Matrix a,b,c;
  cin>>a;                                        //用 cin 输入矩阵
  cin>>b;
  cout<<endl<<"Matrix a:"<<endl<<a<<endl;        //用 cout 输出矩阵
  cout<<endl<<"Matrix b:"<<endl<<b<<endl;
  c=a+b;
  cout<<endl<<"Matrix c = Matrix a + Matrix b :"<<endl<<c<<endl;
  return 0;
}
```

运行结果与第 4 题相同。

通过此例可以看到使用运算符重载后，对矩阵的操作就显得很简单、直观，如同对标准类型的操作一样。

6．请编写程序，处理一个复数与一个 double 数相加的运算，结果存放在一个 double 型的变量 d1 中，输出 d1 的值，再以复数形式输出此值。定义 Complex（复数）类，在成员函数中包含重载类型转换运算符：

```
operator double( ){return real;}
```

【解】 程序如下：

```cpp
#include <iostream>
using namespace std;
class Complex
  {public:
    Complex( ){real=0;imag=0;}
    Complex(double r){real=r;imag=0;}
    Complex(double r,double i){real=r;imag=i;}
    operator double( ){return real;}   //重载类型转换运算符
    void display( );
   private:
    double real;
    double imag;
  };

void Complex::display( )
{cout<<"("<<real<<", "<<imag<<")"<<endl;}

int main( )
{Complex c1(3,4),c2;
  double d1;
  d1=2.5+c1;                 //将 c1 转换为 double 型数，与 2.5 相加，结果为 double 型数
  cout<<"d1="<<d1<<endl;     //输出 double 型变量 d1 的值
  c2=Complex(d1);            //将 d1 再转换为复数
  cout<<"c2=";
  c2.display( );             //输出复数 c2
  return 0;
}
```

运行结果：
d1=5.5
c2=(5.5, 0)

说明：

（1）在 Complex 类中重载了类型转换运算符 double：

operator double( ){return real;}

从函数本身形式上看，好像看不出函数的作用是将一个复数转换成为一个 double 型数据。但应注意函数是在 Complex 类体中定义的。函数体内"return real;"语句中的 real 就是 Complex::real。执行函数的过程就是从 Complex 类对象中找到数据成员 real（实部），并把它作为函数返回值，故得到一个 double 型数据。

在处理表达式"2.5+c1"时，由于二者的类型不同，如果没有重载强制类型转换运算符，二者是不能相加的。由于在 Complex 类中已重载了类型转换运算符 double，在程

第10章 运算符重载

序编译时,编译系统找到了此函数,并将Complex类对象c1(复数)转换成为一个double型数据3.0,然后将2.5与3.0相加,得5.5。用cout语句输出d1的值。

(2)如果想将d1以复数形式表示,可以利用转换构造函数将d1转换为Complex类对象,即Complex(d1)。主函数最后两行就是为了处理这个问题。

(3)如果想把"2.5+c1"处理为两个复数相加,而不是按两个double数相加,希望得到的结果是(5.5,4i),请问程序应当怎样修改,请读者自己完成之。

7. 定义一个Teacher(教师)类和一个Student(学生)类,二者有一部分数据成员是相同的,例如num(号码),name(姓名),sex(性别)。编写程序,将一个Student对象(学生)转换为Teacher(教师)类,只将以上3个相同的数据成员移植过去。可以设想为:一位学生大学毕业了,留校担任教师,他原有的部分数据对现在的教师身份来说仍然是有用的,应当保留并成为其教师数据的一部分。

【解】 为了简化程序,除了题目指定的3个相同的数据成员外,Student类只增加一个数据成员score(成绩),Teacher类只增加一个数据成员pay(工资)。按题目要求编程如下:

```
#include <iostream>
using namespace std;
class Student                                        ///定义学生类
{public:
    Student(int,char[],char,float);                  //构造函数声明
    int get_num( ){return num;}                      //返回num的值
    char * get_name( ){return name;}                 //返回name的值
    char get_sex( ){return sex;}                     //返回sex的值
    void display( )
      {cout<<"num:"<<num<<" \nname:"<<name<<" \nsex:"<<sex<<" \nscore:"<<score<<" \n\n";}
 private:
    int num;
    char name[20];
    char sex;
    float score;                                     //成绩
};
Student::Student(int n,char nam[ ],char s,float sco) //定义Student构造函数
  {num=n;
   strcpy(name,nam);
   sex=s;
   score=sco;
  }
class Teacher                                        //定义教师类
  {public:
    Teacher( ){}                                     //默认构造函数
    Teacher(Student&);                               //转换构造函数
     Teacher(int n,char nam[ ],char sex,float pay);  //构造函数重载
     void display( );
```

```cpp
  private:
    int num;
    char name[20];
    char sex;
    float pay;                                      //工资
 };
Teacher::Teacher(int n,char nam[ ],char s,float p)  //定义 Teacher 构造函数
{num=n;
 strcpy(name,nam);
 sex=s;
 pay=p;
}
Teacher::Teacher(Student& stud)                     //定义转换构造函数
 {num=stud.get_num( );           //将 Student 类对象的 num 成员转换为 Teacher 类对象的 num
  strcpy(name,stud.get_name( ));
  sex=stud.get_sex( );
  pay=1500;                                         //假定试用期临时工资一律为 1500 元
}
void Teacher::display( )                            //输出教师的信息
{cout<<"num:"<<num<<" \nname:"<<name<<" \nsex:"<<sex<<" \npay:"<<pay<<" \n\n";}

int main( )
{Teacher teacher1(10001,"Li",'f',1234.5),teacher2;
 Student student1(20010,"Wang",'m',89.5);
 cout<<"student1:"<<endl;
 student1.display( );                   //输出学生 student1 的信息
 teacher2=Teacher(student1);            //将 student1 转换为 Teacher 类对象
 cout<<"teacher2:"<<endl;
 teacher2.display( );                   //输出教师 teacher2 的信息
 return 0;
}
```

运行结果：
student1:
num:20010
name:Wang
sex:m
score:89.5

Teacher2:
num:20010
name:Wang
sex:m
pay:1500

说明：

（1）本题的目的是说明用转换构造函数可以将一种类的对象程序转换为另一种类的对象。在程序中有转换构造函数

Teacher::Teacher(Student& stud);

它的作用是将 Student 类的对象转换为 Teacher 类的对象。请读者注意：怎样进行转换，完全是由程序设计者自己决定的，系统不会自动按某一原则进行转换。譬如在本程序中规定将 Student 类的对象的 num,name 和 sex 这 3 个数据成员的值作为 Teacher 类对象相应成员的值，并将新教师的工资 pay 定为 1500，这都是根据具体情况决定的。如果有另一个人也将 Student 类的对象转换为 Teacher 类的对象，他可能做出另一种转换模式。

（2）在 Student 类中有以下 3 个函数：

int get_num( );char * get_name( );char get_sex( )

它们的作用是得到 Student 类中的 num,name 和 sex 的值。由于它们是 Student 类中的私有成员，在 Student 类以外是不能通过对象名来引用它们的，因此在 Teacher 类的转换构造函数中不能像下面这样引用它们。

Teacher::Teacher(Student& stud)
　{num=stud.num;　　　　　　　　//不能在 Student 类外通过对象名来引用
　　strcpy(name,stud.name);
　　sex=stud.sex;
　　pay=1500;
　}

只能在 Student 类中定义以上 3 个公用函数，在类外可以调用这 3 个公用函数，通过它们去访问 Student 类中的私有成员，这 3 个私有成员的值就是 3 个函数的返回值。把函数的返回值赋给 Teacher 类相应的成员。这是合法的、可行的。

（3）在 Student 类的 display 成员函数中有这样的语句：

cout<<"num:"<<num<<" \nname:"<<name<<" \nsex:"<<sex<<" \nscore:"<<score<<" \n\n";

其中，"\n"的作用是换行，相当于 endl，由于在本书的程序按照多数 C++专业人员的习惯主要用 endl 实现换行，因此有的读者可能对它不太熟悉，但是读者对这种用法也应该熟悉。上面的语句相当于

cout<<"num:"<<num<<endl<<"name:"<<name<<endl<<"sex:"<<sex<<endl<<"score:"<<score<<endl<<endl;

在本程序中之所以用"\n"，主要是为了减少语句长度，使程序精练些。

第 11 章

继承与派生

1. 将例 11.1 的程序片段补充和改写成一个完整、正确的程序，用公用继承方式。在程序中应包括输入数据的函数，在程序运行时输入 num,name,sex,age,addr 的值，程序应输出以上 5 个数据的值。

【解】 根据题意，写出程序如下：

```
#include <iostream>
using namespace std;
class Student
{public:
   void get_value( )
     {cin>>num>>name>>sex;}            //输入基类的 3 个私有数据成员的值
   void display( )
     {cout<<"num: "<<num<<endl;        //输出基类的 3 个私有数据成员的值
      cout<<"name: "<<name<<endl;
      cout<<"sex: "<<sex<<endl;}
 private:
   int num;
   char name[10];
   char sex;
};
class Student1: public Student          //定义公用派生类 Student1
 {public:
    void get_value_1( )                 //函数的作用是输入 5 个数据成员的值
      {get_value( );                    //调用函数，输入基类的 3 个私有数据成员的值
       cin>>age>>addr;                  //输入派生类的两个私有数据成员的值
      }
    void display_1( )
      {cout<<"age: "<<age<<endl;        //输出派生类两个私有数据成员的值
       cout<<"address: "<<addr<<endl;
      }
 private:
    int age;
```

```
            char addr[30];
    };
int main( )
{Student1 stud1;                     //定义公用派生类 Student1 的对象 stud1
  stud1.get_value_1( );              //输入 5 个数据
  stud1.display( );                  //输出基类的 3 个私有数据成员的值
  stud1.display_1( );                //输出派生类两个私有数据成员的值
  return 0;
}
```

运行结果：
10101 Li M 20 Beijing✓
num:10101
name:Li
sex:M
age:20
address:Beijing

实际上，程序还可以改进，在派生类的 display_1 函数中调用基类的 display 函数，在主函数中只要写一行

stud1.display_1( );

即可输出 5 个数据。本题程序只是为了说明派生类成员的引用方法。读者可参考本章第 2 题的程序。

2．将例 11.2 的程序段补充和改写成一个完整、正确的程序，用私有继承方式。在程序中应包括输入数据的函数，在程序运行时输入 num,name,sex,age,addr 的值，程序应输出以上 5 个数据的值。

【解】 根据题意，写出程序如下：
```
#include <iostream>
using namespace std;
class Student
{public:
   void get_value( )
     {cin>>num>>name>>sex;}
   void display( )
     {cout<<"num: "<<num<<endl;
      cout<<"name: "<<name<<endl;
      cout<<"sex: "<<sex<<endl;}
 private:
   int num;
   char name[10];
   char sex;
};
```

```
class Student1: private Student          //定义私有派生类Student1
  {public:
    void get_value_1( )
      {get_value( );
       cin>>age>>addr;}
    void display_1( )
      {display( );                       //调用基类中的公用成员函数
       cout<<"age: "<<age<<endl;         //引用派生类的私有成员，正确
       cout<<"address: "<<addr<<endl;}   //引用派生类的私有成员，正确
   private:
     int age;
     char addr[30];
  };
int main( )
  {Student1 stud1;
   stud1.get_value_1( );
   stud1.display_1( );                   //只须调用一次stud1.display_1( )
   return 0;
  }
```

本程序能通过编译，可正常运行，运行结果同第2题。通过此题，可以看到怎样正确引用基类中的私有成员。

3. 将例11.3的程序修改、补充，写成一个完整、正确的程序，用保护继承方式。在程序中应包括输入数据的函数。

【解】 根据题意，写出程序如下：

```
#include <iostream>
using namespace std;
class Student                            //声明基类
  {public:                               //基类公用成员
     void get_value( );
     void display( );
   protected:                            //基类保护成员
     int num;
     char name[10];
     char sex;
  };
void Student::get_value( )
  {cin>>num>>name>>sex;}
void Student::display( )
  {cout<<"num: "<<num<<endl;
   cout<<"name: "<<name<<endl;
   cout<<"sex: "<<sex<<endl;
  }
class Student1: protected Student        //声明一个保护派生类
```

```
{public:
    void get_value_1( );
    void display1( );
 private:
    int age;
    char addr[30];
};
void Student1::get_value_1( )
 {get_value( );
  cin>>age>>addr;
 }
void Student1::display1( )
   {cout<<"num: "<<num<<endl;        //引用基类的保护成员
    cout<<"name: "<<name<<endl;      //引用基类的保护成员
    cout<<"sex: "<<sex<<endl;        //引用基类的保护成员
    cout<<"age: "<<age<<endl;        //引用派生类的私有成员
    cout<<"address: "<<addr<<endl;   //引用派生类的私有成员
   }
int main( )
 {Student1 stud1;                    //stud1 是派生类 student1 类的对象
  stud1.get_value_1( );              //调用派生类对象 stud1 的公用成员函数
  stud1.display1( );                 //调用派生类对象 stud1 的公用成员函数
  return 0;
 }
```

本程序能通过编译，可正常运行，运行结果同第 2 题。

4．修改例 11.3 的程序，改为用公用继承方式。上机调试程序，使之能正确运行并得到正确的结果。对这两种继承方式作比较分析，考虑在什么情况下二者不能互相代替。

【解】 根据题意，写出程序如下：
```
#include <iostream>
using namespace std;
class Student                        //声明基类
 {public:                            //基类公用成员
    void get_value( );
    void display( );
  protected:                         //基类保护成员
    int num;
    char name[10];
    char sex;
 };
void Student::get_value( )
 {cin>>num>>name>>sex;}

void Student::display( )
```

```cpp
    {cout<<"num: "<<num<<endl;
     cout<<"name: "<<name<<endl;
     cout<<"sex: "<<sex<<endl;
    }
class Student1: public Student              //声明一个公用派生类
{public:
    void get_value_1( );
    void display1( );
 private:
    int age;
    char addr[30];
};
void Student1::get_value_1( )
 {get_value( );
  cin>>age>>addr;
 }
void Student1::display1( )
  {cout<<"num: "<<num<<endl;        //引用基类的保护成员,合法
   cout<<"name: "<<name<<endl;      //引用基类的保护成员,合法
   cout<<"sex: "<<sex<<endl;        //引用基类的保护成员,合法
   cout<<"age: "<<age<<endl;        //引用派生类的私有成员,合法
   cout<<"address: "<<addr<<endl;   //引用派生类的私有成员,合法
  }
int main( )
{Student1 stud1;                    //stud1 是派生类 student1 类的对象
 stud1.get_value_1( );              //调用派生类对象 stud1 的公用成员函数 get_value_1
 stud1.display1( );                 //调用派生类对象 stud1 的公用成员函数 display1
 return 0;
}
```

本程序能通过编译,可正常运行,运行结果同第 2 题。

将此程序与第 3 题比较,只有在定义派生类时采用继承方式不同(在本题中用公用继承方式代替了第 3 题的保护继承方式),其他部分完全相同,运行结果也完全相同。但千万不要得出错误的结论,以为在任何情况下二者可以互相替换。要作具体分析。

对两个程序的执行过程作比较,见表 11.1。

表 11.1

内　　容	第 3 题的程序(保护继承)	本题(公用继承)
(1) stud2.get_value_2( );	调用派生类公用成员函数	调用派生类公用成员函数
(2) 在 stud2.get_value_2 函数中调用基类 get_value 函数	get_value 函数在派生类中是保护成员函数	get_value 函数在派生类中是公用成员函数
(3) get_value 函数引用 num 等	num 等为保护成员,可以引用	num 等为保护成员,可以引用
(4) stud2.display( );	调用派生类公用成员函数	调用派生类公用成员函数

续表

内　　容	第 3 题的程序（保护继承）	本题（公用继承）
（5）在 stud2.display 函数中引用 num,name,sex	num,name,sex 是保护成员	num,name,sex 是保护成员
（6）在 stud2.display 函数中引用 age,addr	age,addr 是保护成员	age,addr 是保护成员

可以看到，两者只有第（2）点是不同的，在保护继承时，get_value 函数在派生类中是保护成员函数，而在公用继承时，它在派生类中是公用成员函数，但都可以被派生类的成员函数调用，效果相同，因此，两者的执行过程是相同的，运行结果也当然相同。

但是如果把程序修改如下（程序 2）：

```
#include <iostream>
using namespace std;
class Student                                    //声明基类
{public:                                         //基类公用成员
   void get_value( );
   void display( );
 protected :                                     //基类保护成员
   int num;
   char name[10];
   char sex;
};
void Student::get_value( )                       //函数的作用是输入 3 个数据
  {cin>>num>>name>>sex;}
void Student::display( )                         //函数的作用是输出 3 个数据
  {cout<<"num: "<<num<<endl;
   cout<<"name:"<<name<<endl;
   cout<<"sex:"<<sex<<endl;
  }
  class Student1: protected Student              //声明一个保护派生类
{public:
   void get_value_1( );
   void display1( );
 private:
   int age;
   char addr[30];
};
void Student1::get_value_1( )                    //函数的作用是输入两个数据
  {cin>>age>>addr;}

void Student1::display1( )                       //函数的作用是输出两个数据
  {cout<<"age:"<<age<<endl;
   cout<<"address:"<<addr<<endl;
  }
```

```
int main( )
{Student1 stud1;                    //stud1 是派生类 student1 类的对象
 Stud1.get_value( );                //出错!调用派生类对象 stud1 的保护函数
 Stud1.get_value_1( );              //正确!调用派生类对象 stud1 的公用成员函数
 Stud1.display( );                  //出错!调用派生类对象 stud1 的保护函数
 Stud1.display1( );                 //正确!调用派生类对象 stud1 的公用成员函数
 return 0;
}
```

在定义派生类 Student1 时声明为公用继承，程序能通过编译，正常运行。但如果改为保护继承，则编译时出错。对程序 1 和程序 2 的分析见表 11.2。

表 11.2

内 容	程序 1（公用继承）	程序 2（保护继承）
stud1.get_value( );	调用基类的公用函数 get_value，它在派生类中仍为公用函数	调用基类的公用函数 get_value 它在派生类中为保护函数
stud1.display( );	调用基类的公用函数 display，它在派生类中仍为公用函数	调用基类的公用函数 display，它在派生类中为保护函数

get_value 和 display 函数是基类的公用函数，在公用继承时，它在派生类中仍为公用函数，可以在类外通过对象名来调用它，但在保护继承时，它在派生类中为保护函数，可以被派生类的成员函数调用，但不能被派生类外通过对象名调用。因此编译出错。

不同的继承方式使派生类的成员具有不同的特性，会对程序的执行产生不同的影响。在一般情况下，用 public 和用 protected 声明继承方式是不等价的。应当仔细分析程序，作出判断。

5．有以下程序结构，请分析访问属性。

```
class A                             //A 为基类
{public:
   void f1( );
   int i;
 protected:
   void f2( );
   int j;
 private:
   int k;
};
class B: public A                   //B 为 A 的公用派生类
{public:
   void f3( );
 protected:
   int m;
 private:
   int n;
};
```

```
class C: public B                    //C 为 B 的公用派生类
{public:
   void f4( );
 private:
   int p;
};
int main( )
{A a1;                               //a1 是基类 A 的对象
 B b1;                               //b1 是派生类 B 的对象
 C c1;                               //c1 是派生类 C 的对象
 ⋮
 return 0;
}
```

问：

（1）在 main 函数中能否用 b1.i，b1.j 和 b1.k 引用派生类 B 对象 b1 中基类 A 的成员？

（2）派生类 B 中的成员函数能否调用基类 A 中的成员函数 f1 和 f2？

（3）派生类 B 中的成员函数能否引用基类 A 中的数据成员 i，j，k？

（4）能否在 main 函数中用 c1.i，c1.j，c1.k，c1.m，c1.n，c1.p 引用基类 A 的成员 i，j，k，派生类 B 的成员 m，n，以及派生类 C 的成员 p？

（5）能否在 main 函数中用 c1.f1( )，c1.f2( )，c1.f3( )和 c1.f4( )调用 f1，f2，f3，f4 成员函数？

（6）派生类 C 的成员函数 f4 能否调用基类 A 中的成员函数 f1，f2 和派生类中的成员函数 f3？

【解】

（1）可以用 b1.i 引用对象 b1 中的基类 A 的成员 i，因为它是公用数据成员。

不能用 b1.j 引用对象 b1 中的基类 A 的成员 j，因为它是保护数据成员，在类外不能访问。

不能用 b1.k 引用对象 b1 中的基类 A 的成员 k，因为它是私有数据成员，在类外不能访问。

（2）可以调用基类 A 中的成员函数 f1 和 f2，因为 f1 是公用成员函数，f2 是保护成员函数，B 对 A 是公有继承方式，因此它们在派生类中仍然保持原有的访问权限，可以被派生类的成员函数访问。

（3）可以引用基类 A 中的数据成员 i 和 j，因为它们在派生类中是公用成员和保护成员，可以被派生类的成员函数访问。不可以引用基类 A 中的数据成员 k，它在派生类中是不可访问的成员。

（4）可以用 c1.i 引用对象 c1 中基类 A 的成员 i，不能用 c1.j,c1.k 引用基类 A 的成员 j 和 k，因为它们是保护成员和私有成员，不能被类外访问。也不能访问 c1 中派生类 B 的成员 m，n，它们也是保护成员和私有成员，不能被类外访问。也不能访问派生类对象c1中的私有成员p。

（5）可以调用成员函数f1，f3，f4，它们是公用成员函数。不能调用成员函数f2，因为它是保护成员函数。

（6）可以，f1，f3是公用成员函数，f2是保护成员函数，都可以被派生类C的成员函数调用。

6．有以下程序结构，请分析所有成员在各类的范围内的访问属性。

```
class A                          //基类
  {public:
    void f1( );
   protected:
    void f2( );
   private:
    int i;
  };

class B: public A                //B为A的公用派生类
  {public:
    void f3( );
    int k;
   private:
    int m;
  };

class C: protected B             //C为B的保护派生类
  {public:
    void f4( );
   protected:
    int n;
   private:
    int p;
  };

class D: private C               //D为C的私有派生类
  {public:
    void f5( );
   protected:
    int q;
   private:
    int r;
  };
void main( )
  { A a1;                        //a1是基类A的对象
    B b1;                        //b1是派生类B的对象
    C c1;                        //c1是派生类C的对象
```

        D d1;   //d1 是派生类 D 的对象
        ⋮
}

【解】 各成员在各类的范围内的访问属性如表 11.3 所示。

表 11.3

类的范围	f1	f2	i	f3	k	m	f4	n	p	f5	q	r
基类 A	公用	保护	私有									
公用派生类 B	公用	保护	不可访问	公用	公用	私有						
保护派生类 C	保护	保护	不可访问	保护	保护	不可访问	公用	保护	私有			
私有派生类 D	私有	私有	不可访问	私有	私有	不可访问	私有	私有	不可访问	公用	保护	私有

根据以上的分析，可以知道：

（1）在派生类外，可以通过对象调用 f5 函数，如 d1.f5( )。其他成员均不能访问。

（2）派生类 D 的成员函数 f5 可以访问基类 A 的成员 f1 和 f2，派生类 B 的成员 f3 和 k，派生类 C 的成员 f4 和 n，派生类 D 的成员 q 和 r。

（3）派生类 C 的成员函数 f4 可以访问基类 A 的成员 f1 和 f2，派生类 B 的成员 f3 和 k，派生类 C 的成员 n 和 p。

（4）派生类 B 的成员函数 f3 可以访问基类 A 的成员 f1 和 f2，派生类 B 的成员 k 和 m。

（5）基类 A 的成员函数 f1 可以访问基类 A 的成员 f2 和 i。

7．有以下程序，请完成下面工作：

（1）阅读程序，写出运行时输出的结果。

（2）然后上机运行，验证结果是否正确。

（3）分析程序执行过程，尤其是调用构造函数的过程。

```cpp
#include <iostream>
using namespace std;
class A
  {
  public:
    A( ){a=0;b=0;}
    A(int i){a=i;b=0;}
    A(int i,int j){a=i;b=j;}
    void display( ){cout<<"a="<<a<<" b="<<b;}
  private:
    int a;
    int b;
  };
```

```cpp
class B: public A
{
 public:
   B( ){c=0;}
   B(int i):A(i){c=0;}
   B(int i,int j):A(i,j){c=0;}
   B(int i,int j,int k):A(i,j){c=k;}
   void display1( )
     {display( );
      cout<<" c="<<c<<endl;
     }
 private:
   int c;
};
int main( )
{ B b1;
  B b2(1);
  B b3(1,3);
  B b4(1,3,5);
  b1.display1( );
  b2.display1( );
  b3.display1( );
  b4.display1( );
  return 0;
}
```

【解】

（1）运行结果：

a=0 b=0 c=0
a=1 b=0 c=0
a=1 b=3 c=0
a=1 b=3 c=5

（2）经上机运行，证明以上结果是正确的。

（3）分析程序执行过程。

① main 函数体中的第一行

B b1;

在定义 B 类对象 b1 时，未给出参数，因此应该调用与之匹配的派生类构造函数

B( ){c=0;}

该构造函数先调用基类构造函数，由于在定义派生类构造函数时未显式地给出基类构造函数，因此系统就调用 A 类中的默认构造函数

A( ){a=0;b=0;}

把数据成员 a 和 b 初始化为 0。然后再执行派生类构造函数的函数体，把数据成员 c 初始化为 0。

在执行 main 函数中的语句"b1.display1( );"时，先调用 A 类中的成员函数 display( )，输出 a 和 b 的值（均为 0），接着再执行 b1.display1 函数中的 cout 语句，输出 c 的值（为 0），因此，输出结果为

a=0 b=0 c=0

② main 函数体中的第 2 行

B b2(1);

在定义 B 类对象 b2 时，给出 1 个参数，因此应该调用与之匹配的派生类构造函数

B(int i):A(i){c=0;}

把实参 1 传递给派生类构造函数的形参 i，派生类构造函数再把它传递给基类构造函数的实参 i，然后调用基类构造函数。由于在定义派生类构造函数时给出了基类构造函数，且有 1 个参数，因此系统就调用 A 类中具有 1 个参数的构造函数

A(int i){a=i;b=0;}

把数据成员 a 初始化为形参 i 的值，而形参 i 从基类的实参得到值 1，因此 a 的值为 1，b 被初始化为 0，然后再执行派生类构造函数的函数体，把数据成员 c 初始化为 0。

执行 b2.display1 函数时，输出

a=1 b=0 c=0

③ main 函数体中的第 3 行

B b3(1,3);

在定义 B 类对象 b3 时，给出两个参数，因此应该调用与之匹配的派生类构造函数

B(int i,int j):A(i,j){c=0;}

把实参 1 和 3 传递给派生类构造函数的形参 i 和 j，派生类构造函数再把它们传递给基类构造函数的实参 i 和 j，然后调用基类构造函数。由于在定义派生类构造函数时给出了基类构造函数，且有两个参数，因此系统就调用 A 类中具有两个参数的构造函数

A(int i,int j){a=i;b=j;}

将数据成员 a 初始化为形参 i 的值，将 b 初始化为形参 j 的值，而形参 i 和 j 从基类的实参得到值 1 和 3，因此 a 的值为 1，b 的值为 3，然后再执行派生类构造函数的函数体，把数据成员 c 初始化为 0。

执行 b3.display1 函数时，输出

a=1 b=3 c=0

④ main 函数体中的第 4 行

B b4(1,3,5);

在定义 B 类对象 b4 时，给出 3 个参数，因此应该调用与之匹配的派生类构造函数

B(int i,int j,int k):A(i,j){c=k;}

把实参 1，3 和 5 传递给派生类构造函数的形参 i，j 和 k，派生类构造函数再把 i 和 j 传递给基类构造函数的实参 i 和 j，然后调用基类构造函数。由于在定义派生类构造函数时给出了基类构造函数，且有两个参数，因此系统就调用 A 类中具有两个参数的构造函数

A(int i,int j){a=i;b=j;}

a 的值为 1，b 的值为 3，然后再执行派生类构造函数的函数体，数据成员 c 得到 k 的值 5。

执行 b4.display1 函数时，输出

a=1 b=3 c=5

8．有以下程序，请完成下面的工作：
① 阅读程序，写出运行时输出的结果。
② 然后上机运行，验证结果是否正确。
③ 分析程序执行过程，尤其是调用构造函数和析构函数的过程。

```
#include <iostream>
using namespace std;
class A
  {public:
    A( ){cout<<"constructing A "<<endl;}
    ~A( ){cout<<"destructing A "<<endl;}
  };
class B:public A
  {
   public:
    B( ){cout<<"constructing B "<<endl;}
    ~B( ){cout<<"destructing B "<<endl;}
  };
class C:public B
  {public:
    C( ){cout<<"constructing C "<<endl;}
    ~C( ){cout<<"destructing C "<<endl;}
  };
int main( )
```

```
{C c1;
 return 0;
}
```

【解】

（1）运行结果：

constructing A
constructing B
constructing C
destructing C
destructing B
destructing A

（2）经上机运行，证明以上结果是正确的。

（3）在 main 函数中，建立 C 类对象 c1，由于没有给出参数，系统会执行默认的派生类 C 的构造函数

C( ){cout<<"constructing C "<<endl;}

但在执行函数体之前，先要调用其直接基类 B 的构造函数

B( ){cout<<"constructing B "<<endl;}

同样，在执行构造函数 B 的函数体之前，要调用基类 A 的构造函数

A( ){cout<<"constructing A "<<endl;

输出

constructing A

然后返回构造函数 B，执行构造函数 B 的函数体，输出

constructing B

然后返回构造函数 C，执行构造函数 C 的函数体，输出

constructing C

在建立对象 c1 之后，由于 main 函数中已无其他语句，程序结束，在结束时，要释放对象 c1，此时，先调用派生类 C 的析构函数

~C( ){cout<<"destructing C "<<endl;}

根据规定，先执行派生类 C 的函数体，输出

destructing C

然后调用派生类 C 的直接基类 B 的析构函数

~B( ){cout<<"destructing B "<<endl;}

同样，先执行类 B 的函数体，输出

    destructing B

再调用派生类 B 的直接基类 A 的析构函数

    ~A( ){cout<<"destructing A "<<endl;}

执行类 A 的函数体，输出

    destructing A

以上就是按顺序输出的内容。

9．分别声明 Teacher（教师）类和 Cadre（干部）类，采用多重继承方式由这两个类派生出新类 Teacher_Cadre（教师兼干部）。要求：

（1）在两个基类中都包含姓名、年龄、性别、地址、电话等数据成员。

（2）在 Teacher 类中还包含数据成员 title（职称），在 Cadre 类中还包含数据成员 post（职务）。在 Teacher_Cadre 类中还包含数据成员 wages（工资）。

（3）对两个基类中的姓名、年龄、性别、地址、电话等数据成员用相同的名字，在引用这些数据成员时，指定作用域。

（4）在类体中声明成员函数，在类外定义成员函数。

（5）在派生类 Teacher_Cadre 的成员函数 show 中调用 Teacher 类中的 display 函数，输出姓名、年龄、性别、职称、地址、电话，然后再用 cout 语句输出职务与工资。

【解】 根据要求，可编程序如下：

```
#include<string>
#include <iostream>
using namespace std;
class Teacher
 {public:
    Teacher(string nam,int a,char s,string tit,string ad,string t); //构造函数
    void display( );                              //输出姓名、性别、年龄、职称、地址、电话
  protected:
    string name;
    int age;
    char sex;
    string title;
    string addr;
    string tel;
};
Teacher::Teacher(string nam,int a,char s,string tit,string ad,string t):name(nam),age(a),sex(s),title(tit),
    addr(ad),tel(t){ }                       //此两行为构造函数定义
void Teacher::display( )
    {cout<<"name:"<<name<<endl;
```

```cpp
            cout<<"age:"<<age<<endl;
            cout<<"sex:"<<sex<<endl;
            cout<<"title:"<<title<<endl;
            cout<<"address:"<<addr<<endl;
            cout<<"tel:"<<tel<<endl;
        }
class Cadre
  {public:
      Cadre(string nam,int a,char s,string p,string ad,string t);    //构造函数
      void display( );
    protected:
      string name;
      int age;
      char sex;
      string post;
      string addr;
      string tel;
  };
Cadre::Cadre(string nam,int a,char s,string p,string ad,string t):name(nam),age(a),sex(s),post(p),
      addr(ad),tel(t){}                              //此两行为构造函数定义
void Cadre::display( )
        {cout<<"name:"<<name<<endl;
         cout<<"age:"<<age<<endl;
         cout<<"sex:"<<sex<<endl;
         cout<<"post:"<<post<<endl;
         cout<<"address:"<<addr<<endl;
         cout<<"tel:"<<tel<<endl;
        }
class Person:public Teacher,public Cadre
  {public:
      Person(string nam,int a,char s,string tit,string p,string ad,string t,float w);
      void show( );
    private:
      float wage;
  };
Person::Person(string nam,int a,char s,string t,string p,string ad,string tel,float w):
      Teacher(nam,a,s,t,ad,tel),Cadre(nam,a,s,p,ad,tel),wage(w) { }      //以上两行为构造函数定义
void Person::show( )
        {Teacher::display( );                            //指定作用域 teacher 类
         cout<<"post:"<<Cadre::post<<endl;               //指定作用域 Cadre 类
         cout<<"wages:"<<wage<<endl;
        }
int main( )
  {Person person1("Wang-li",50,'f',"prof.","president","135 Beijing Road,Shanghai",
```

```
            "(021)61234567",1534.5);
  person1.show( );
  return 0;
}
```

运行结果：
name:Wang-li
age:50
sex:f
title:
post:prof.
address: 135 Beijing Road,Shanghai
tel:(021)61234567

10．将第 11.8 节中的程序段加以补充完善，使之成为一个完整的程序。在程序中使用继承和组合。在定义 Professor 类对象 prof1 时给出所有数据的初值，然后修改 prof1 的生日数据，最后输出 prof1 的全部最新数据。

```
#include <iostream>
#include <cstring>
using namespace std;
class Teacher                                    //教师类
  {public:
      Teacher(int,char[ ],char);                 //声明构造函数
      void display( );                           //声明输出函数
    private:
      int num;
      char name[20];
      char sex;
  };
Teacher::Teacher(int n,char nam[ ],char s)       //定义构造函数
  {num=n;
    strcpy(name,nam);
    sex=s;
  }
void Teacher::display( )                         //定义输出函数
  {cout<<"num:"<<num<<endl;
    cout<<"name:"<<name<<endl;
    cout<<"sex:"<<sex<<endl;
  }
class BirthDate                                  //生日类
  {public:
      BirthDate(int,int,int);                    //声明构造函数
      void display( );                           //声明输出函数
      void change(int,int,int);                  //声明修改函数
```

```cpp
   private:
      int year;
      int month;
      int day;
  };
BirthDate::BirthDate(int y,int m,int d)                //定义构造函数
  {year=y;
   month=m;
   day=d;
  }
void BirthDate::display( )                             //定义输出函数
  {cout<<"birthday:"<<month<<"/"<<day<<"/"<<year<<endl;}
void BirthDate::change(int y,int m,int d)              //定义修改函数
  {year=y;
   month=m;
   day=d;
  }
class Professor:public Teacher                         //教授类
  {public:
      Professor(int,char[ ],char,int,int,int,float);   //声明构造函数
      void display( );                                 //声明输出函数
      void change(int,int,int);                        //声明修改函数
   private:
      float area;                                      //住房面积
      BirthDate birthday;                              //定义 BirthDate 类的对象作为数据成员
  };
Professor::Professor(int n,char nam[20],char s,int y,int m,int d,float a):
   Teacher(n,nam,s),birthday(y,m,d),area(a){ }         //定义构造函数

void Professor::display( )                             //定义输出函数
{Teacher::display( );
 birthday.display( );
 cout<<"area:"<<area<<endl;
}
void Professor::change(int y,int m,int d)              //定义修改函数
  {birthday.change(y,m,d);
  }
int main( )
{Professor prof1(3012,"Zhang",'f',1949,10,1,125.4);    //定义 Professor 对象 prof1
 cout<<endl<<" The original data:"<<endl;
 prof1.display( );                                     //调用 prof1 对象的 display 函数
 cout<<endl<<"The new data:"<<endl;
 prof1.change(1950,6,1);                               //调用 prof1 对象的 change 函数
 prof1.display( );                                     //调用 prof1 对象的 display 函数
 return 0;
```

}

运行结果：
The original data:
num:3012
name: Zhang
sex:f
birthday:10/1/1949
area:125.4

The new data:
num:3012
name: Zhang
sex:f
birthday:6/1/1950
area:125.4

说明：

（1）程序中有 3 个 display 函数：派生类 Professor 中的 display 函数，基类 Teacher 中的 display 函数，成员类 BirthDate 中的 display 函数。请注意它们的作用域和访问权限。在 main 函数中可以用 prof1.display( )调用派生类 Professor 中的 display 函数。Teacher 类中的 display 函数被屏蔽，成员类 BirthDate 中的 display 函数只能通过对象名 birthday 来调用。

在执行 prof1.display 函数过程中调用基类 Teacher 中的 display 函数，输出基类中的私有成员 num，name 和 sex。然后调用 birthday.display 函数，输出成员对象中的 display 函数，输出 birthday 中的私有成员 year，month 和 day。最后输出派生类中的 area。

（2）在 main 函数中调用 prof1.change 函数，在执行 prof1.change 函数过程中调用 birthday.change 函数，改变生日数据。birthday.change 函数的实参（1950,6,1）是用来取代原来生日数据的年、月、日的。请思考：在 Professor::display 函数中能否用

BirthDate::display( );

这样的形式调用 birthday 中的 display 函数？为什么？请上机试一下。

（3）birthday 是私有成员对象，应该怎样访问它的成员函数 display 呢？虽然在 BirthDate 类中，display 是公有成员函数，但是不能在 main 函数中用

prof1.BirthDate::display( );

来调用它，BirthDate 不是基类，不能企图通过作用域运算符来调用它。Birthday 是成员对象，只能通过对象名 birthday 来调用它。应该注意：birthday 是派生类中的私有成员，只能通过派生类的成员函数访问。因此，派生类的 display 函数可以访问子对象 birthday。但它只能访问 birthday 中的公用成员，而不能访问 birthday 中的私有成员。读者可以在派生类 Professor::display 函数体中增加下面的语句，并上机试一下。

```
cout<<birthday.year<<endl;
```
结果是错误的。

（4）在 main 函数中，先后两次调用 prof1.display( )，第一次调用时输出原来的数据，第二次调用时输出改变后的数据。

第 12 章

多态性与虚函数

1. 在例 12.1 的程序的基础上作一些修改。声明 Point（点）类，由 Point 类派生出 Circle（圆）类，再由 Circle 类派生出 Cylinder（圆柱体）类。将类的定义部分分别作为 3 个头文件，对它们的成员函数的声明部分分别作为 3 个源文件（.cpp 文件），在主函数中用#include 命令把它们包含进来，形成一个完整的程序，并上机运行。

【解】 按照题意，分别建立以下 6 个文件：
（1）定义 Point 类的头文件 POINT.H

```
//POINT.H
class Point
{public:
   Point(float=0,float=0);
   void setPoint(float,float);
   float getX( ) const {return x;}
   float getY( ) const {return y;}
   friend ostream & operator<<(ostream &,const Point &);
 protected:
   float x,y;
}
```

（2）定义 Point 类成员函数的源文件 POINT.CPP

```
//POINT.CPP
Point::Point(float a,float b)
{x=a;y=b;}
void Point::setPoint(float a,float b)
{x=a;y=b;}
ostream & operator<<(ostream &output,const Point &p)
{output<<" ["<<p.x<<","<<p.y<< ]"<<endl;
 return output;
}
```

（3）定义 Circle 类的头文件 CIRCLE.H
//CIRCLE.H

```
#include "point.h"
class Circle:public Point
{public:
    Circle(float x=0,float y=0,float r=0);
    void setRadius(float);
    float getRadius( ) const;
    float area ( ) const;
    friend ostream &operator<<(ostream &,const Circle &);
 protected:
    float radius;
};
```

（4）定义 Circle 类成员函数的源文件 CIRCLE.CPP

```
//CIRCLE.CPP
Circle::Circle(float a,float b,float r):Point(a,b),radius(r){ }
void Circle::setRadius(float r)
{radius=r;}
float Circle::getRadius( ) const {return radius;}
float Circle::area( ) const
{return 3.14159*radius*radius;}
ostream &operator<<(ostream &output,const Circle &c)
{output<<"Center=["<<c.x<<","<<c.y<<"], r="<<c.radius<<", area="<<c.area( )<<endl;
  return output;
}
```

（5）定义 Cylinder 类的头文件 CYLINDER.H

```
//CYLINDER.H
#include "circle.h"
class Cylinder:public Circle
{public:
    Cylinder (float x=0,float y=0,float r=0,float h=0);
    void setHeight(float);
    float getHeight( ) const;
    float area( ) const;
    float volume( ) const;
    friend ostream& operator<<(ostream&,const Cylinder&);
 protected:
    float height;
};
```

（6）定义 Cylinder 类成员函数的源文件 CYLINDER.CPP

```
//CYLINDER.CPP
Cylinder::Cylinder(float a,float b,float r,float h):Circle(a,b,r),height(h){ }
void Cylinder::setHeight(float h){height=h;}
float Cylinder::getHeight( ) const {return height;}
```

```
float Cylinder::area( ) const
{ return 2*Circle::area( )+2*3.14159*radius*height;}
float Cylinder::volume( ) const
{return Circle::area( )*height;}
ostream &operator<<(ostream &output,const Cylinder& cy)
{output<<"Center=["<<cy.x<<","<<cy.y<<" ], r ="<<cy.radius<<", h="<<cy.height
     <<" \narea="<<cy.area( )<<", volume="<<cy.volume( )<<endl;
 return output;
}
```

最后建立一个程序文件，名为 xt12-1.cpp（表示第 12 章习题第 1 题），当然也可以用其他文件名。

```
//xt12-1.cpp
#include <iostream>
using namespace std;              //用 Visual C++ 6.0 时需把第 1, 2 行改为#include <iostream.h>
#include "cylinder.h"             // 3 个类的定义部分
#include "point.cpp"              // Point 类成员函数的定义部分
#include "circle.cpp"             // Circle 类成员函数的定义部分
#include "cylinder.cpp"           // Cylinder 类成员函数的定义部分
int main( )
{Cylinder cy1(3.5,6.4,5.2,10);
 cout<<" \noriginal cylinder:\nx="<<cy1.getX( )<<", y="<<cy1.getY( )<<", r="
     <<cy1.getRadius( )<<", h="<<cy1.getHeight( )<<" \narea="<<cy1.area( )
     <<", volume="<<cy1.volume( )<<endl;
 cy1.setHeight(15);
 cy1.setRadius(7.5);
 cy1.setPoint(5,5);
 cout<<" \nnew cylinder:\n"<<cy1;
 Point &pRef=cy1;
 cout<<" \npRef as a point:"<<pRef;
 Circle &cRef=cy1;
 cout<<" \ncRef as a Circle:"<<cRef;
 return 0;
}
```

将 xt12-1.cpp 文件编译并运行，运行结果：

```
original cylinder:                        (输出 cy1 的初始值)
x=3.5, y=6.4, r=5.2, h=10                 (圆心坐标 x,y。半径 r，高 h)
area=496.623, volume=849.486              (圆柱表面积 area 和体积 volume)

new cylinder:                             (输出 cy1 的新值)
Center=[5,5], r =7.5, h=15                (以[5,5]形式输出圆心坐标)
area=1060.29, volume=2650.72              (圆柱表面积 area 和体积 volume)
```

pRef as a point:[5,5]   (pRef 作为一个"点"输出)

cRef as a Circle: Center=[5,5], r=7.5, area=176.714   (c Ref 作为一个"圆"输出)

请注意：由于这里将以上几个文件存放在用户当前目录下，因此用#include 命令时，应当用双撇号把文件名括起来，如#include "circle.h"。不要用尖括号，如#include <circle.h>，因为用尖括号时，编译系统会到 C++系统所在的目录下去找该文件，如果找不到就出错。用双撇号时，编译系统先到用户当前目录下去找该文件，如果找不到，再到 C++系统所在的目录下去找。

在程序中只把 cylinder.h 包含进来，而没有分别用 3 个#include 命令分别将 point.h, circle.h 和 cylinder.h 包含进来。请思考为什么？

这是由于在 cylinder.h 文件中已经用了#include "circle.h"命令将 circle.h 文件包含进来，而在 circle.h 文件中又已用了#include "point.h"命令将 point.h 文件包含进来。因此在这里，用一个#include "cylinder.h"命令就已经把 3 个类的定义全部包含进来了。

为什么要在 circle.h 中包含 point.h，在 cylinder.h 中包含 circle.h 呢？这是为了便于分步调试，如在教材中介绍的那样，不是将全部程序都编好才统一上机调试，而是分为若干个阶段进行，编写好基类后，先对基类部分进行测试，没有问题了再测试派生类。在测试派生类 Circle 时，必然要用到基类的定义，因此在 circle.h 中应当包含 point.h。此外还应当在测试程序中将 point.cpp 和 circle.cpp 包含进来。

有人问：为什么将 Point 类的定义和成员函数的定义分开放在两个文件中，而不是放在同一个文件中呢？在实际的面向对象程序设计中，一般都是将类的定义和类的实现（函数定义）分离的，类的定义放在头文件中，以便程序人员利用它为基础派生出新的类。而函数定义部分，用户一般是不能修改的，开发商提供的类库的函数定义对用户是不透明的，不提供源代码，只提供其目标程序的接口（即文件路径和文件名），以便在程序编译以后与它连接成一个可执行的文件。由于本题是练习题，为简单起见，没有把它们单独编译为目标文件，而是把它们作为.cpp 文件，包含到程序中。

2．请比较函数重载和虚函数在概念和使用方式方面有什么区别？

【解】

（1）函数重载可以用于普通函数（非成员的函数）和类的成员函数，而虚函数只能用于类的成员函数。

（2）函数重载可以用于构造函数，而虚函数不能用于构造函数。

（3）如果对成员函数进行重载，则重载的函数与被重载的函数应当都是同一类中的成员函数，不能分属于两个不同继承层次的类。函数重载是横向的重载。虚函数是对同一类族中的基类和派生类的同名函数的处理，即允许在派生类中对基类的成员函数重新定义。虚函数的作用是处理纵向的同名函数。

（4）重载的函数必须具有相同的函数名，但函数的参数个数和参数类型二者中至少有一样不同，否则在编译时无法区分它们。而虚函数则要求在同一类族中的所有虚函数不仅函数名相同，而且要求函数类型、函数的参数个数和参数类型都全部相同，否则就不是重定义了，也就不是虚函数了。

（5）函数重载是在程序编译阶段确定操作的对象的，属静态关联。虚函数是在程序运行阶段确定操作的对象的，属动态关联。

3．在例 12.3 的基础上作以下修改，并作必要的讨论。

（1）把构造函数修改为带参数的函数，在建立对象时初始化。

（2）先不将析构函数声明为 virtual，在 main 函数中另设一个指向 Circle 类对象的指针变量，使它指向 grad1。运行程序，分析结果。

（3）不作第（2）点的修改而将析构函数声明为 virtual，运行程序，分析结果。

【解】 分别写出以下程序：

（1）编程如下：

```
#include <iostream>
using namespace std;
class Point
{public:
   Point(float a,float b):x(a),y(b){ }
   ~Point( ){cout<<"executing Point destructor"<<endl;}
  private:
   float x;
   float y;
};
class Circle:public Point
{public:
    Circle(int a,int b,int r):Point(a,b),radius(r){ }
   ~Circle( ){cout<<"executing Circle destructor"<<endl;}
  private:
    float radius;
};
int main( )
{Point *p=new Circle(2.5,1.8,4.5);
 delete p;
 return 0;
}
```

运行结果：

executing Point destructor

可以知道用 new 开辟动态的存储空间、建立临时对象，可以带参数，也可以不带参数。这是与构造函数匹配的。

（2）在上面的基础上将 main 函数改写为

```
int main( )
{Point *p=new Circle(2.5,1.8,4.5);        //定义指向基类的指针并指向新对象
  Circle *pt=new Circle(2.5,1.8,4.5);      //定义指向派生类的指针并指向新对象
```

```
    delete pt;
    return 0;
}
```

运行结果：
executing Circle destructor
executing Point destructor

表明先调用了派生类的析构函数，然后再调用基类的析构函数。这是符合常规的做法。

虽然用这种方法也能正常地调用派生类和基类的析构函数，实现在撤销对象时的清理工作，但是如果有多个派生类，这样做就很不方便，要定义许多个指针变量。人们希望用一个指针变量就能对多个对象进行操作。显然这个指针变量只能是指向基类的指针变量，它能够接受派生类的起始地址。这样，就要使用虚函数。

（3）使用虚函数，程序如下：

```
#include <iostream>
using namespace std;
class Point
{public:
    Point(float a,float b):x(a),y(b){ }
    virtual ~Point( ){cout<<"executing Point destructor"<<endl;}      //声明为虚函数
  private:
    float x;
    float y;
};
class Circle:public Point
{public:
    Circle(float a,float b,float r):Point(a,b),radius(r){ }
    virtual ~Circle( ){cout<<"executing Circle destructor"<<endl;}    //声明为虚函数
  private:
    float radius;
};
int main( )
{Point *p=new Circle(2.5,1.8,4.5);
  delete p;
  return 0;
}
```

运行结果：
executing Circle destructor
executing Point destructor

在基类和派生类中将析构函数声明为虚函数。其实，在派生类中的 virtual 声明是可选的，在将基类的析构函数声明为虚函数后，其派生类中的析构函数自动地成为虚函数。但是，为了使程序清晰，给人们以明确的信息，一般都将派生类中的析构函数用 virtual 显式地声明为虚函数。

4. 编写一个程序，声明抽象基类 Shape，由它派生出 3 个派生类：Circle（圆形）、Rectangle（矩形）、Triangle（三角形），用一个函数 printArea 分别输出以上三者的面积，3 个图形的数据在定义对象时给定。

【解】 可以编写程序如下：

```cpp
#include <iostream>
using namespace std;
//定义抽象基类 Shape
class Shape
{public:
    virtual double area( ) const =0;                               //纯虚函数
};

//定义 Circle 类
class Circle:public Shape
{public:
    Circle(double r):radius(r){ }                                  //构造函数
    virtual double area( ) const {return 3.14159*radius*radius;};  //定义虚函数
  protected:
    double radius;                                                 //半径
};

                                                                   //定义 Rectangle 类
class Rectangle:public Shape
{public:
    Rectangle(double w,double h):width(w),height(h){ }             //构造函数
    virtual double area( ) const {return width*height;}            //定义虚函数
  protected:
    double width,height;                                           //宽与高
};
class Triangle:public Shape
{public:
    Triangle(double w,double h):width(w),height(h){ }              //构造函数
    virtual double area( ) const {return 0.5*width*height;}        //定义虚函数
  protected:
    double width,height;                                           //宽与高
};
//输出面积的函数
void printArea(const Shape &s)
    {cout<<s.area( )<<endl;}                                       //输出 s 的面积
int main( )
```

```
    {
      Circle circle(12.6);                          //建立 Circle 类对象 circle
      cout<<"area of circle     =";
      printArea(circle);                            //输出 circle 的面积
      Rectangle rectangle(4.5,8.4);                 //建立 Rectangle 类对象 rectangle
      cout<<"area of rectangle =";
      printArea(rectangle);                         //输出 rectangle 的面积
      Triangle triangle(4.5,8.4);                   //建立 Triangle 类对象 triangle
      cout<<"area of triangle   =";
      printArea(triangle);                          //输出 triangle 的面积
      return 0;
    }
```

运行结果：

area of circle = 458.759
area of rectangle = 37.8
area of triangle = 18.9

说明：

（1）在抽象基类中只设了一个纯虚函数类 area，因为本程序比较简单，只有 area（面积）是各派生类都有的。没有其他成员是各派生类都需要的。所以除了 area 以外，抽象基类中没有其他成员。

（2）在抽象基类中，area 也可以不声明为纯虚函数，而声明为虚函数，如

virtual double area ( ) const {return 0.0;}

改动后，程序运行结果没有变化。考虑到在基类中并不要求 area 函数返回具体值，且不用它定义对象，所以声明为纯虚函数为宜，此时基类成为抽象基类。

（3）在 3 个派生类中分别定义虚函数，以不同的公式计算圆形、矩形、三角形的面积。

（4）函数 printArea 是一个非成员函数，它的作用是输出有关对象的面积。它的形参是 Shape 类的引用。在教材第 11 章第 11.7 节中曾介绍可以用派生类对象初始化基类的引用，但此时基类的引用不是派生类对象的别名，而是派生类对象中基类部分的别名。但是在使用虚函数时，情况有了变化，和用基类指针指向派生类对象的情况相似，派生类对象中基类部分原来的虚函数被派生类中定义的虚函数代替，因此可以用基类的引用去访问其所代表的对象的虚函数。

请思考：printArea 函数中的 s.area( )是什么含义？当 main 函数中以 printArea(circle)形式调用时，实参是 Circle 类对象 circle，把它的起始地址传给引用变量 s，因此，s.area( )就相当于 circle.area( )。cout 语句输出 circle 中的 area 函数的值，即 circle 的面积。

请思考：用 s.area( )调用 area 函数，是静态关联还是动态关联？答案应该是动态关联，因为在编译时，从 s.area( )无法判定应调用哪个对象的 area 函数，只有在运行时主函数调用 printArea 函数时，引用变量 s 才被初始化，这时才能确定调用对象。因此，是

在运行阶段实现的关联。

5. 编写一个程序，定义抽象基类 Shape，由它派生出 5 个派生类：Circle（圆形）、Square（正方形）、Rectangle（矩形）、Trapezoid（梯形）、Triangle（三角形）。用虚函数分别计算几种图形面积，并求它们的和。要求用基类指针数组，使它每一个元素指向一个派生类对象。

【解】 可以编写程序如下：

```cpp
#include <iostream>
using namespace std;
//定义抽象基类 Shape
class Shape
{public:
   virtual double area( ) const =0;                              //纯虚函数
};

//定义 Circle(圆形)类
class Circle:public Shape
{public:
   Circle(double r):radius(r){ }                                 //构造函数
   virtual double area( ) const {return 3.14159*radius*radius;}; //定义虚函数
  protected:
   double radius;                                                //半径
};
//定义 Square(正方形)类
class Square:public Shape
{public:
   Square(double s):side(s){ }                                   //构造函数
   virtual double area( ) const {return side*side;}              //定义虚函数
  protected:
   double side;
};
//定义 Rectangle(矩形)类
class Rectangle:public Shape
{public:
   Rectangle(double w,double h):width(w),height(h){ }            //构造函数
   virtual double area( ) const {return width*height;}           //定义虚函数
  protected:
   double width,height;                                          //宽与高
};
//定义 Trapezoid(梯形)类
class Trapezoid:public Shape
{public:
   Trapezoid(double t,double b,double h):top(t),bottom(t),height(h){ } //构造函数
   virtual double area( ) const {return 0.5*(top+bottom)*height;}      //定义虚函数
```

```
    protected:
        double top,bottom,height;                               //上底、下底与高
};
//定义 Triangle(三角形)类
class Triangle:public Shape
{public:
    Triangle(double w,double h):width(w),height(h){ }           //构造函数
    virtual double area( ) const {return 0.5*width*height;}     //定义虚函数
    protected:
        double width,height;                                    //宽与高
};
int main( )
{
    Circle circle(12.6);                                        //建立 Circle 类对象 circle
    Square square(3.5);                                         //建立 Square 类对象 square
    Rectangle rectangle(4.5,8.4);                               //建立 Rectangle 类对象 rectangle
    Trapezoid trapezoid(2.0,4.5,3.2);                           //建立 Trapezoid 类对象 trapezoid
    Triangle triangle(4.5,8.4);                                 //建立 Triangle 类对象
    Shape *pt[5]={&circle,&square,&rectangle,&trapezoid,&triangle};
//定义基类指针数组 pt，使它每一个元素指向一个派生类对象
    double areas=0.0;                                           //areas 为总面积
    for(int i=0;i<5;i++)
      {areas=areas+pt[i]->area( );}                             //累加面积
    cout<<"total of all areas="<<areas<<endl;                   //输出总面积
    return 0;
}
```

运行结果：

total of all areas=574.109

在 main 函数中分别建立了 5 个类的对象，并定义了一个基类指针数组 pt，使其每一个元素指向一个派生类对象，它相当于下面 5 个语句：

pt[0]=&circle;
pt[1]=□
pt[2]=&rectangle;
pt[4]=&trapezoid;
pt[5]=▵

for 循环的作用是将 5 个类对象的面积累加。pt[i]->area( )是调用指针数组 pt 中第 i 个元素（是一个指向 Shape 类的指针）所指向的派生类对象的虚函数 area。

第13章 输入输出流

1. 输入三角形的三边 a,b,c，计算三角形的面积的公式是

$$area=\sqrt{s(s-a)(s-b)(s-c)}, \quad s=\frac{a+b+c}{2}$$

形成三角形的条件是：$a+b>c, b+c>a, c+a>b$

编写程序，输入 a,b,c，检查 a,b,c 是否满足以上条件，如不满足，由 cerr 输出有关出错信息。

【解】 编程如下：

```
#include <iostream>
#include <cmath>
using namespace std;
int main( )
{double a,b,c,s,area;
 cout<<"please input a,b,c:";
 cin>>a>>b>>c;
 if (a+b<=c)
    cerr<<"a+b<=c,error!"<<endl;
 else if(b+c<=a)
    cerr<<"b+c<=a,error!"<<endl;
 else if (c+a<=b)
    cerr<<"c+a<=b,error!"<<endl;
 else
    {s=(a+b+c)/2;
     area=sqrt(s*(s–a)*(s–b)*(s–c));
     cout<<"area="<<area<<endl;}
 return 0;
}
```

运行结果：

① please input a,b,c:<u>2 3 5</u>✓
   a+b<=c,error!

② please input a,b,c:<u>2 3 4</u>✓

area=2.90474

为简化主函数，可以将具体操作由专门的函数实现，如：

```cpp
#include <iostream>
#include <cmath>
using namespace std;
void input(double& a,double& b,double& c)
   {cout<<"please input a,b,c:";
    cin>>a>>b>>c;
   }
void area(double a,double b,double c)
   {double s,area;
     if (a+b<=c)
        cerr<<"a+b<=c,error!"<<endl;
     else if(b+c<=a)
        cerr<<"b+c<=a,error!"<<endl;
     else if (c+a<=b)
        cerr<<"c+a<=b,error!"<<endl;
     else
       {s=(a+b+c)/2;
        area=sqrt(s*(s–a)*(s–b)*(s–c));
        cout<<"area="<<area<<endl;}
   }
int main( )
{double a=2,b=3,c=5;
 input(a,b,c);
 area(a,b,c);
 return 0;
}
```

请分析思考：

① input 函数的形参，为什么用引用变量？如果函数部写成

void input（double a,double b,double c）

会出现什么情况？读者可以上机试一下。结果是在 Visual C++ 6.0 中会编译出错，原因是在主函数中未给 a,b,c 赋值。在 GCC 中虽未出现编译出错，但主函数中 a,b,c 的值为不可预见的。它们的值是系统分配给 a,b,c 变量的存储单元中原来保留的信息。可以发现：当输入的数据为 2,3,4 时，显示"a+b<=0,error!"的信息，这显然是错误的。原因是在调用 input 函数时将 a,b,c 的值传送给形参 a,b,c，而在 input 函数输入的 a,b,c 的值，并不能带回到主函数中来。因此，在调用 area 函数时的实参 a,b,c 仍然是原来不可预见的 a,b,c，而不是 2,3,4。如果形参是引用变量，则在调用 input 函数时，传递给形参的不是实参 a,b,c 的值，而是 a,b,c 的地址，形参 a,b,c 和实参 a,b,c 同享同一存储单元，因而在 input 函数中输入给 a,b,c 的值能保存在实参 a,b,c 中。这样，调用 area 函数时，实参 a,b,c 的值就是在 input 函数中给 a,b,c 输入的值。

② 请注意 cerr 中的信息在什么地方显示，在 Visual C++ 6.0 中，cerr 和 cout 输出在同一界面中，此时 cerr 的作用和 cout 的作用相同。在 GCC 中，cerr 是输出到程序窗口下面的出错信息窗口中，而不是输出到程序输出的界面上。

2. 从键盘输入一批数值，要求保留 3 位小数，在输出时上下行小数点对齐。

【解】

（1）用控制符控制输出格式

```
#include <iostream>
#include <iomanip>
using namespace std;
int main( )
{float a[5];
 cout<<"input data:";
 for(int i=0;i<5;i++)               //输入 5 个数给 a[0]~a[4]
     cin>>a[i];
 cout<<setiosflags(ios::fixed)<<setprecision(2);   //设置定点格式和精度
 for(i=0;i<5;i++)
     cout<<setw(10)<<a[i]<<endl;    //设置域宽和精度
 return 0;
}
```

运行结果：
```
input data:12.3 345.678 3.14159 –45.321 56
     12.30
    345.68
      3.14
    –45.32
     56.00
```

（2）用流成员函数控制输出格式

```
#include <iostream>
using namespace std;
int main( )
{float a[5];
 int i;
 cout<<"input data:";
 for(i=0;i<5;i++)
     cin>>a[i];
 cout.setf(ios::fixed);              //设置定点格式
 cout.precision(2);                  //设置精度
 for(i=0;i<5;i++)
    {cout.width(10);                 //设置域宽
     cout<<a[i]<<endl;}              //输出数据
 return 0;
}
```

说明：

（1）用控制符控制输出格式时，需要包含 iomanip.h 头文件，因为控制符是在 iomanip.h 头文件中定义的。用流成员函数控制输出格式时，因为 ostream 类是在 iostream.h 头文件中定义的，因此只需要包含 iostream.h 头文件，而不需要包含 iomanip.h 头文件。

（2）用来设置域宽的控制符 setw 和流成员函数 width 只对其后的第一个输出项有效，因此在输出每一项前都必须重新用 setw 或 width 设置域宽。读者可以将它们移到 for 循环的前面（而不在循环体内），观察运行结果。

3．编写程序，在显示屏上显示一个由字母 B 组成的三角形。

```
          B
         BBB
        BBBBB
       BBBBBBB
      BBBBBBBBB
     BBBBBBBBBBB
    BBBBBBBBBBBBB
```

【解】 解此题的关键是找出每一行中字符 B 的个数和其前面的空格数与行号 n 的关系，可以先通过观察得到如表 13.1 所示的关系（假设在第 1 行中字母 B 显示在第 20 列位置）。

表 13.1

行号	B 的个数	B 前面的空格数	行号	B 的个数	B 前面的空格数
1	1	19	4	7	16
2	3	18	n	2n–1	20–n
3	5	17			

据此可编程如下：

```cpp
#include <iostream>
#include <iomanip>
using namespace std;
int main( )
{for(int n=1;n<8;n++)
   cout<<setw(20-n)<<setfill(' ')<< " "<<setw(2*n-1)<<setfill('B')<<"B"<<endl;
           //指定输出空格时的域宽和填充字符以及输出'B'时的域宽和填充字符
 return 0;
}
```

运行时在屏幕上显示出上面的图形。

程序第 5 行先指定域宽为（20–n），再指定填充字符为空格字符，然后输出一个空格，由于已指定了域宽为（20–n），则剩余的位置用指定的填充字符（空格）填充。因此该行共有 20-n 个空格。同理第 6 行先指定域宽为（2*n-1），再指定填充字符为 B 字符，然后输出一个 B 字符，本来剩余的位置为空格，由于已指定了填充字符为 B 字符，所以共输出了 2n-1 个 B 字符。

4. 建立两个磁盘文件 f1.dat 和 f2.dat，编写程序实现以下工作：

（1）从键盘输入 20 个整数，分别存放在两个磁盘文件中（每个文件中放 10 个整数）；

（2）从 f1.dat 读入 10 个数，然后存放到 f2.dat 文件原有数据的后面；

（3）从 f2.dat 中读入 20 个整数，对它们按从小到大的顺序存放到 f2.dat（不保留原来的数据）。

【解】 可以分别编写 3 个函数以实现以上 3 项任务。可编写程序如下：

```cpp
#include <iostream>
#include <fstream>
using namespace std;
//fun1 函数从键盘输入 20 个整数，分别存放在两个磁盘文件中
void fun1( )
{int a[10];
  ofstream outfile1("f1.dat"),outfile2("f2.dat");    //分别定义两个文件流对象
  if(!outfile1)                                      //检查打开 f1.dat 是否成功
    {cerr<<"open f1.dat error!"<<endl;
     exit(1);
    }
  if(!outfile2)                                      //检查打开 f2.dat 是否成功
    {cerr<<"open f2.dat error!"<<endl;
     exit(1);
    }
  cout<<"enter 10 integer numbers:"<<endl;
  for(int i=0;i<10;i++)                              //输入 10 个数存放到 f1.dat 文件中
    {cin>>a[i];
     outfile1<<a[i]<<" ";}
  cout<<"enter 10 integer numbers:"<<endl;
  for(i=0;i<10;i++)                                  //输入 10 个数存放到 f2.dat 文件中
    {cin>>a[i];
     outfile2<<a[i]<<" ";}
  outfile1.close( );                                 //关闭 f1.dat 文件
  outfile2.close( );                                 //关闭 f2.dat 文件
}
//从 f1.dat 读入 10 个数，然后存放到 f2.dat 文件原有数据的后面
void fun2( )
{ifstream infile("f1.dat" );                         //f1.dat 作为输入文件
  if(!infile)
    {cerr<<"open f1.dat error!"<<endl;
     exit(1);
    }
  ofstream outfile("f2.dat",ios::app);
//f2.dat 作为输出文件，文件指针指向文件尾，向它写入的数据放在原来数据的后面
```

```
   if(!outfile)
     {cerr<<"open f2.dat error!"<<endl;
      exit(1);
     }
   int a;
   for(int i=0;i<10;i++)
     {infile>>a;                       //磁盘文件 f2.dat 读入一个整数
      outfile<<a<<" ";                 //将该数存放到 f2.dat 中
     }
   infile.close( );
   outfile.close( );
  }
//从 f2.dat 中读入 20 个整数，将它们按从小到大的顺序存放到 f2.dat
void fun3( )
{ifstream infile("f2.dat"); //定义输入文件流 infile，以输入方式打开 f2.dat
   if(!infile)
     {cerr<<"open f2.dat error!"<<endl;
      exit(1);
     }
   int a[20];
   int i,j,t;
   for(i=0;i<20;i++)
       infile>>a[i];                   //从磁盘文件 f2.dat 读入 20 个数放在数组 a 中
   for(i=0;i<19;i++)                   //用起泡法对 20 个数排序
      for(j=0;j<19-i;j++)
         if(a[j]>a[j+1])
            {t=a[j];a[j]=a[j+1];a[j+1]=t;}
   infile.close( );                    //关闭输入文件 f2.dat
   ofstream outfile("f2.dat",ios::out);
       // f2.dat 作为输出文件，文件中原有内容删除
   if(!outfile)
     {cerr<<"open f2.dat error!"<<endl;
      exit(1);}
   cout<<"data in f2.dat:"<<endl;
   for( i=0;i<20;i++)
     {outfile<<a[i]<<" ";              //向 f2.dat 输出已排序的 20 个数
      cout<<a[i]<<" ";}                //同时输出到显示器
   cout<<endl;
   outfile.close( );
}
int main( )
{fun1( );                              //分别调用 3 个函数
 fun2( );
 fun3( );
```

return 0;
}

运行结果：

enter 10 integer numbers:
2 4 6 8 1 3 5 7 –3 0↵
enter 10 integer numbers:
–23 34 56 –25 22 67 20 –45 52 123↵
data in f2.dat:
–45 –25 –23 –3 0 1 2 3 4 5 6 7 8 20 22 34 52 56 67 123

在 DOS 环境下用 TYPE 命令检查 f2.dat 文件的内容：

c:\c++>type f2.dat↵
-45 –25 –23 –3 0 1 2 3 4 5 6 7 8 20 22 34 52 56 67 123

符合题目要求。

在解本题目的过程中，有几点要注意：

（1）正确选择各磁盘文件的工作方式。尤其在 fun2 函数中要将 f2.dat 的工作方式指定为 ios::app。定义输出流对象 outfile 的语句是

　　ofstream outfile("f2.dat",ios::app);

在打开输出文件 f2.dat 时，文件指针指向文件尾，写入的数据接着添加在原有数据之后。在 fun3 函数中将 f2.dat 的工作方式指定为 ios::out：

　　ofstream outfile("f2.dat",ios::out);

在打开文件时，将原有内容全部删除。

（2）同一个磁盘文件可以在不同的场合下指定为不同的工作方式。如 f1.dat 在 fun1 函数中是输出文件，在 fun2 函数中是输入文件。f2.dat 在 fun1 函数中是普通的输出文件（ios::out），在 fun2 函数中是可扩展的输出文件（ios::app），在 fun3 函数中又作为输入文件。但应注意，每次用完后必须关闭，解除与文件流的关联，才能重新打开和指定工作方式。

（3）可以用文件流对象和流插入运算符"<<"、提取运算符">>"来输入输出数据。如

　　infile>>a;
　　outfile<<a[i]<<" ";

用法和下面类似：

　　cin>>a;
　　cout<<a[i]<<" ";

只是流向的对象不同而已。

（4）在向磁盘文件写数据时，要注意后面插入一个或多个空格，如

outfile<<a[i]<<" ";

作用是分隔两个数据，以便以后再从磁盘文件输入数据时能正确地组织数据。读者可以将该空格去掉，如

outfile<<a[i];

上机试运行，分析在 fun3 函数中从 f2.dat 文件读入数据的情况。

5．编写程序实现以下功能：

（1）按职工号由小到大的顺序将 5 个员工的数据（包括号码、姓名、年龄、工资）输出到磁盘文件中保存。

（2）从键盘输入两个员工的数据（职工号大于已有的职工号），增加到文件的末尾。

（3）输出文件中全部职工的数据。

（4）从键盘输入一个号码，在文件中查找有无此职工号，如有则显示此职工是第几个职工以及此职工的全部数据。如没有，就输出"无此人"。可以反复多次查询，如果输入查找的职工号为 0，就结束查询。

【解】　程序如下：

```
#include <iostream>
#include <fstream>
using namespace std;
struct staff
{int num;
 char name[20];
 int age;
 double pay;
};
int main( )
{staff staf[7]={2101,"Li",34,1203,2104,"Wang",23,674.5,2108,"Fun",54,778,
                3006,"Xue",45,476.5,5101,"Ling",39,656.6},staf1;
                //职工数组，含 7 个元素。先给出 5 个元素的值
 fstream iofile("staff.dat",ios::in|ios::out|ios::binary);
                //建立输入输出文件流
 if(!iofile)
   {cerr<<"open error!"<<endl;
    abort( );
   }
 int i,m,num;
 cout<<"Five staff:"<<endl;
 for(i=0;i<5;i++)
   {cout<<staf[i].num<<" "<<staf[i].name<<" "<<staf[i].age<<" "<<staf[i].pay<<endl;
                                        //显示职工数据
    iofile.write((char *)&staf[i],sizeof(staf[i]));     //写入文件
```

```cpp
    }
    cout<<"please input data you want insert:"<<endl.pay;
    iofile.seekp(0,ios::end);                    //定位在文件尾,此行也可不写
    for(i=0;i<2;i++)                             //增加两个职工的数据
       {cin>>staf1.num>>staf1.name>>staf1.age>>staf1.pay;
        iofile.write((char *)&staf1,sizeof(staf1));}  //写到文件尾
    cout<<"Seven staff:"<<endl;
    iofile.seekg(0,ios::beg);                    //定位于文件开头,此行不能省
    for(i=0;i<7;i++)                             //逐个读入并显示
       {iofile.read((char *)&staf[i],sizeof(staf[i]));  //读入一个职工数据
        cout<<staf[i].num<<" "<<staf[i].name<<" "<<staf[i].age<<" "<<staf[i].pay<<endl;
                                                 //显示一个职工数据
       }
    bool find;                                   //用 find 来检测是否找到
    cout<<"enter number you want search,enter 0 to stop.";
    cin>>num;                                    //输入要查的职工号
    while(num)                                   //num 不为 0 时
      {find=false;                               //先设 find 为假,表示未找到
       iofile.seekg(0,ios::beg);                 //定位于文件开头
       for(i=0;i<7;i++)
         {iofile.read((char *)&staf[i],sizeof(staf[i]));  //读入一个职工数据
          if(num==staf[i].num)                   //看职工号是否等于 num
            {m=iofile.tellg( );                  //返回当前字节位置
             cout<<num<<" is No."<<m/sizeof(staf1)<<endl;   //第几个职工
             cout<<staf[i].num<<" "<<staf[i].name<<" "<<staf[i].age<<" "<<staf[i].pay<<endl;
                                                 //输出职工数据
             find=true;                          //表示"找到了"
             break;
            }
         }
       if(!find)                                 //find 为假表示找不到
          cout<<"can't find "<<num<<endl;
       cout<<"enter number you want search,enter 0 to stop.";
       cin>>num;                                 //再查下一个
      }
    iofile.close( );
    return 0;
}
```

运行结果：

Five staff: (显示 5 个职工数据)
2101 Li 34 1203
2104 Wang 23 674.5
2108 Fun 54 778

```
3006 Xue 45 476.5
5101 Ling 39 656.6
please input data you want insert:          (插入两个职工数据)
6001 Tan 45 1234↙
6800 Yi 53 1345↙
Seven staff:                                 (显示7个职工数据)
2101 Li 34 1203
2104 Wang 23 674.5
2108 Fun 54 778
3006 Xue 45 476.5
5101 Ling 39 656.6
6001 Tan 45 1234
6800 Yi 53 1345
enter number you want search,enter 0 to stop.3100↙   (查找3100)
can't find 3100                              (找不到)
enter number you want search,enter 0 to stop.6001↙   (查找6001)
6001 is No. 6                                (找到了)
6001 Tan 45 1234
enter number you want search,enter 0 to stop.0↙      (不找了, 结束)
```

成员函数 seekg 和 seekp 的作用是定位,并不执行读写。成员函数 tellg 的作用是返回文件指针的当前的字节位置。用 m/sizeof(staf1)计算出第几个职工(每个职工数据的长度为 sizeof(staf1))。本来得到的字节位置是执行完成员函数 read 时的位置,此时指针又向前移动了一个职工数据的长度,要得到执行成员函数 read 前的指针位置,本应减去一个职工数据的长度,在输出是第几个职工时也应该减去 1。但是职工序号是从 0 算起的,现在输出是第几个职工时序号从 1 算起,因此应该加1。这样减 1 加 1 正好抵消了。所以 m/sizeof(staf1)就代表了序号从 1 算起的第几个职工。

请特别注意正确使用文件定位,在开始时文件中的指针总是指向文件的开头,因此第一次读写时不必人为地定位。每读写一个数据,指针就移到该数据之后。以后每次读写均以指针当前指向的数据为对象,因此一般是顺序进行读写的。如果需要改变顺序,就应当重新定位。程序中在增加两个职工数据前有一语句

iofile.seekp(0,ios::end);

作用是定位在文件尾。由于在其前面曾向文件写入 5 个职工数据,执行后指针已指到第 5 个职工数据之后,即文件尾,因此此行是可以不写的。有时难以精确地判别指针的位置,为安全起见,再显式进行定位。

在读入和显示 7 个职工数据之前,重新进行了一次定位:

iofile.seekg(0,ios::beg);

使指针定位于文件开头,此行不能省。因为其前面的操作使指针已移到文件尾。

在进行查询时,在 for 循环之前又有一次定位:

```
    iofile.seekg(0,ios::beg);              //定位于文件开头
```

请读者思考：能否不要此语句？它起什么作用？

6. 在例 13.17 的基础上，修改程序，将存放在 c 数组中的数据读入并显示出来。

【解】 程序如下：

```
#include <iostream>
#include <strstream>
using namespace std;
struct student
{int num;
 char name[20];
 double score;
};
int main( )
{student stud[3]={1001,"Li",78,1002,"Wang",89.5,1004,"Fun",90},stud1[3];
  char c[50];
  int i;
  ostrstream strout(c,50);              //建立输出串流 strout, 与字符数组 c 关联
  for(i=0;i<3;i++)                      //向 c 写入 3 个学生的数据
     strout<<" "<<stud[i].num<<" "<<stud[i].name<<" "<<stud[i].score;
  strout<<ends;
  cout<<"array c:"<<endl<<c<<endl<<endl;  //显示数组 c 的内容
  istrstream strin(c,50);                //建立输入串流 strin, 与字符数组 c 关联
  for(i=0;i<3;i++)                       //从 c 读入 3 个学生的数据，赋给 stud1 数组
     strin>>stud1[i].num>>stud1[i].name>>stud1[i].score;
  cout<<"data from array c to array stud1:"<<endl;
  for(i=0;i<3;i++)                       //显示 stud1 数组各元素
     cout<<stud1[i].num<<" "<<stud1[i].name<<" "<<stud1[i].score<<endl;
  cout<<endl;
  return 0;
}
```

运行结果：

```
array c:
1001 Li 78 1002 Wang 89.5 1004 Fun 90
data from array c to array stud1:
1001 Li 78
1002 Wang 89.5
1004 Fun 90
```

也可以只建立一个输入输出串流，既用它向字符数组 c 写数据，又从字符数组 c 读数据。程序如下：

```
#include <iostream>
#include <strstream>
```

```cpp
using namespace std;
struct student
{int num;
 char name[20];
 double score;
};
int main( )
{int i;
 student stud[3]={1001,"Li",78,1002,"Wang",89.5,1004,"Fun",90},stud1[3];
 char c[50];
 strstream strio(c,50,ios::in|ios::out);
    //建立输入输出串流 strio，与字符数组 c 关联
 for(i=0;i<3;i++)                               //向 c 写入 3 个学生的数据
     strio<<stud[i].num<<" "<<stud[i].name<<" "<<stud[i].score<<" ";
 strio<<ends;
 cout<<"array c:"<<endl<<c<<endl<<endl;         //显示数组 c 的内容
 for(i=0;i<3;i++)                               //从 c 读入 3 个学生的数据，赋给 stud1 数组
     strio>>stud1[i].num>>stud1[i].name>>stud1[i].score;
 cout<<"data from array c to array stud1:"<<endl;
 for(i=0;i<3;i++)                               //显示 stud1 数组各元素
     cout<<stud1[i].num<<" "<<stud1[i].name<<" "<<stud1[i].score<<endl;
 cout<<endl;
 return 0;
}
```

运行结果与前相同。

第 14 章

C++ 工具

1. 求一元二次方程式 $ax^2+bx+c=0$ 的实根,如果方程没有实根,则输出有关警告信息。

【解】 解题思路如下:

$$x_{1,2}=\frac{-b\pm\sqrt{b^2+4ac}}{2a}$$

可表示为

$$disc=b^2-4ac$$
$$p=-b/(2a),\ q=\sqrt{disc}/(2a)$$
$$x_1=p+q,\ x_2=p-q$$

据此可编写程序如下:

```
#include <iostream>
#include <cmath>
using namespace std;

int main( )
{double q(double,double,double);
 double a,b,c,p,x1,x2;
 cout<<"please enter a,b,c:";
 cin>>a>>b>>c;
 p=-b/(2*a);
 try
    {x1=p+q(a,b,c);
     x2=p-q(a,b,c);
     cout<<"x1="<<x1<<endl<<"x2="<<x2<<endl;
 }
 catch(double d)
    {cout<<"a="<<a<<",b="<<b<<",c="<<c<<",disc="<<d<<",error!"<<endl;}
 cout<<"end"<<endl;
 return 0;
}
```

```
double q(double a,double b,double c)
  {double disc;
   disc=b*b–4*a*c;
   if (disc<0) throw disc;
   return sqrt(disc)/(2*a);
  }
```

运行结果：

① please enter a,b,c:1 2 1↙
   x1= –1
   x2= –1

② please enter a,b,c:1 2 3↙
   a=1,b=2,c=3,disc= –8,error!

③ please enter a,b,c:1.2 7.5 4.2↙
   x1= –0.621877
   x2= –5.62812

2. 将第 14 章例 14.3 的程序改为下面的程序，请分析执行过程，写出运行结果。并指出由于异常处理而调用了哪些析构函数。

```
#include <iostream>
#include <string>
using namespace std;
class Student
  {public:
    Student(int n,string nam)
     {cout<<"constructor–"<<n<<endl;
      num=n;name=nam;}
    ~Student( ){cout<<"destructor–"<<num<<endl;}
    void get_data( );
   private:
    int num;
    string name;
  };
void Student::get_data( )
  {if(num==0) throw num;
   else cout<<num<<" "<<name<<endl;
   cout<<"in get_data( )"<<endl;
  }
void fun( )
{Student stud1(1101,"tan");
 stud1.get_data( );
 try
  {Student stud2(0,"Li");
```

```
        stud2.get_data( );
      }
    catch(int n)
      {cout<<"num="<<n<<",error!"<<endl;}
}
int main( )
{cout<<"main begin"<<endl;
 cout<<"call fun( )"<<endl;
 fun( );
 cout<<"main end"<<endl;
 return 0;
}
```

【解】 分析程序执行过程：执行 main 函数，输出"main begin"，接着输出"call fun( )"，表示要调用 fun 函数，然后调用 fun 函数，流程转到 fun 函数去执行。在 fun 函数中先定义对象 stud1，此时调用 stud1 的构造函数，输出"constructor–1101"，并将 1101 和"Tan"分别赋给 num 和 name，然后调用 stud1 的 get_data 函数，流程转到 stud1.get_data 函数去执行。由于 stud1 中的 num=1101，不等于 0，因此输出"1101 tan"，接着执行 get_data 函数中最后一行 cout 语句，输出"in get_data( )"，表示当前流程仍在 get_data 函数中，执行完 stud1.get_data 函数后，流程转回 fun 函数。

接着执行 fun 函数中 try 块内的语句，定义对象 stud2，此时调用 stud2 的构造函数，输出"constructor–0"，并将 0 和"Li"分别赋给 num 和 name。然后调用 stud2 的 get_data 函数，由于 stud2 中的 num 等于 0，因此执行 throw 语句，抛出 int 型变量 num，此时不会输出 num 和 name 的值，也不执行 get_data 函数中最后一行的 cout 语句，流程转到调用 get_data 函数的 fun 函数去处理。

由于在 fun 函数中有 catch 处理器，catch 处理器捕获异常信息 num，并将 num 的值赋给了变量 n。此时流程脱离 try 块，系统开始进行析构工作，对于从相应的 try 块开始到 throw 语句抛出异常信息这段过程中已构造而未析构的局部对象（在本程序中为 stud2）进行析构，输出"destrutor–0"，然后再执行 catch 处理块中的语句，输出"num=0,error!"。fun 函数已执行完毕，在流程转回 main 函数之前先调用对象 stud1 的析构函数，输出"destrutor–1101"，最后执行 main 函数中最后一行 cout 语句，输出"main end"。

运行结果：

main begin
call fun( )
constructor–1101
1101 tan
in get_data( )
constructor–0
destrutor–0
num=0, error!
destrutor–1101

main end

在本程序中，异常处理只析构了对象 stud2，而没有析构对象 stud1，因为 stud1 并不是在 fun 函数中的 try 块中定义的。stud1 是在流程正常退出 fun 函数时析构的。请读者将本程序运行过程和结果与教材第 14 章例 14.3 作比较分析。

3．学校的人事部门保存了有关学生的部分数据（学号、姓名、年龄、住址），教务部门也保存了学生的另外一些数据（学号、姓名、性别、成绩），两个部门分别编写了本部门的学生数据管理程序，其中都用了 Student 作为类名。现在要求在全校的学生数据管理程序中调用这两个部门的学生数据，分别输出两种内容的学生数据。要求用 C++编程，使用命名空间。

【解】 可以将这两个部门的有关数据的定义分别放在两个命名空间 student1 和 student2 中，并分别放在两个头文件 header1.h 和 header2.h 中。

```cpp
//header1.h(头文件 1，文件名为 xt14-3-h1.h)
#include <string>
namespace student1
  {class Student
    {public:
        Student(int n,string nam,int a,string addr)
          {num=n;name=nam;age=a;address=addr;}
        void show_data( );
      private:
        int num;
        string name;
        int age;
        string address;
    };
  void Student::show_data( )
    {cout<<"num:"<<num<<"   name:"<<name<<"   age:"<<age
        <<"   address:"<<address<<endl;
    }
  }
//header2.h(头文件 2，文件名为 xt14-3-h2.h)
#include <string>
namespace student2
  {class Student
    {public:
        Student(int n,string nam,char s,float sco)
          {num=n;name=nam;sex=s;score=sco;}
        void show_data( );
      private:
        int num;
        string name;
        char sex;
```

```
        float score;
    };
    void Student::show_data( )
        {cout<<"num:"<<num<<"   name:"<<name<<" sex:"<<sex<<"    score:"<<score<<endl; }
}
```

为了便于对文件的管理和系统识别，在本题中将两个头文件命名为 xt14-3-h1.h 和 xt14-3-h2.h，表示它们是第 14 章第 3 题中的头文件 1 和头文件 2，均以 .h 为后缀。

编写主文件如下：

```
//main file(主文件)
#include <iostream>
#include "xt14-3-h1.h"              //头文件 1
#include "xt14-3-h2.h"              //头文件 2
using namespace std;
using namespace student1;
int main( )
  {Student stud1(1001,"Wang",18,"123 Beijing Road,Shanghai");
   stud1.show_data( );
   student2::Student stud2(1102,"Li",'f',89.5);
   stud2.show_data( );
   return 0;
  }
```

为了简化程序，只定义了两个学生对象，其中 stud1 是用命名空间 student1 中的 Student 类定义的，stud2 是用命名空间 student2 中的 Student 类定义的。由于在主文件的开头已用了 using namespace student1 语句对命名空间 student1 作了声明，因此对命名空间 student1 的成员不必再用命名空间名作显式限定（不必写成 student1::Student），程序中的 Student 就是 student1 中的 Student。

由于两个命名空间中有同名的类 student，因此程序中只能用一个 using namespace 语句对一个命名空间进行声明，不能写成

using namespace student1;
using namespace student2;

如果这样写，表示这两个命名空间中所用的标识符在本文件中都是全局量（不必加命名空间名限定），这时两个命名空间中的类名 Student 就会发生同名冲突，系统无法判别它们是哪个命名空间的 Student。所以不用 using namespace student2，而对 student2 中的成员分别用命名空间名加以限定（如 student2::Student）。

用标准 C++编程，在程序中用了

using namespace std;

在命名空间 std 中包含了 C++标准库和标准头文件的有关内容。在本程序中用了头文件 iostream（而不是 iostream.h）。这是标准 C++的用法。

以上程序符合 ANSI C++标准。本程序在 Visual C++ 6.0 和 RHIDE（GCC）环境下能通过编译，并正确运行。

运行结果：

num:1001   name:Wang   age:18   address:123 Beijing Road,Shanghai
num:1102   name:Li   sex:f   score:89.5

第 2 部分

C++的上机操作

  编写好一个 C++源程序后，应当在计算机上编辑、编译和运行程序。一般采用集成开发环境（integrated development environment，IDE），把程序的编辑、编译、连接和运行集中在一个界面中进行，操作方便，直观易学。有多种 C++编译系统能供使用，在这部分中，只介绍两种典型的 C++集成环境：Visual Studio 2010 和 GCC（包括 RHIDE 与 DJGPP）。有了这些基础，再去学习和使用其他编译系统就不困难了。第 15 章介绍 Visual Studio 2010 的上机操作，第 16 章介绍有关 GCC 的上机操作。

第 15 章 用 Visual Studio 2010 运行 C++程序

15.1 Visual Studio 2010 简介

Visual C++ 2010 是 Visual Studio 2010 的一部分，要使用 Visual Studio 2010 的资源，因此，为了使用 Visual C++ 2010，必须安装 Visual Studio 2010。可以在 Windows 7 环境下安装 Visual Studio 2010。如果有 Visual Studio 2010 光盘，执行其中的 setup.exe，并按屏幕上的提示进行安装即可。

下面介绍怎样用 Visual Studio 2010（中文版）编辑、编译和运行 C++程序。如果读者使用英文版，方法是一样的，无非界面显示的是英文。本章在下面的叙述中，同时提供相应的英文显示。

双击 Windows 窗口中左下角的"开始"图标，在出现的软件菜单中，有"Microsoft Visual Studio 2010"子菜单。双击此行，就会出现 Microsoft Visual Studio 2010 的版权页，然后显示"起始页"，见图 15.1。[①]

在 Visual Studio 2010 主窗口中的顶部是 Visual Studio 2010 的主菜单，其中有 10 个菜单项：文件（File）、编辑（Edit）、视图（View）、调试（Debug）、团队（Team）、数据（Data）、工具（Tools）、测试（Test）、窗口（Window）、帮助（Help）。括号内的英文单词是 Visual Studio 2010 英文版中的菜单项的英文显示。

本章不一一详细介绍各菜单项的作用，只介绍在建立和运行 C++程序时用到的部分内容。

---

① 也可以先从 Window 窗口左下角"开始"→"所有程序"→"Microsoft Visual Studio 2010"，再找到其下面的"Microsoft Visual Studio 2010"项，右击鼠标，选择"锁定到任务栏（K）"，这时在 Window 窗口的任务栏中会出现 Visual Studio 2010 的图标。也可以在桌面上建立 Visual Studio 2010 的快捷方式。双击此图标，也可以显示出图 15.1 的窗口。用这种方法，在以后需要调用 Visual Studio 2010 时，直接双击此图标即可，比较方便。

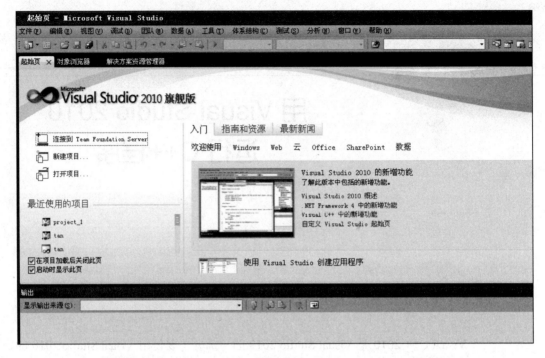

图 15.1

15.2 怎样建立新项目

  使用 Visual C++ 2010 编写和运行一个 C++程序，要比用 Visual C++ 6.0 复杂一些。在 Visual C++ 6.0 中，可以直接建立并运行一个 C++文件，得到结果。而在 Visual Studio 2008 和 Visual Studio 2010 版本中，必须先建立一个项目，然后在项目中建立文件。因为 C++是为处理复杂的大程序而产生的，一个大程序中往往包括若干个 C++程序文件，把它们组成一个整体进行编译和运行。这就是一个项目（project）。即使只有一个源程序，也要建立一个项目，然后在此项目中建立文件。

  下面介绍怎样建立一个新的项目。在图 15.1 所示的主窗口中，在主菜单中选择"文件（File）"，在其下拉菜单中选择"新建（New）"，再选择"项目（Project）"（为简化起见，以后表示为"文件"→"新建"→"项目"），见图 15.2。

  单击"项目"，表示需要建立一个新项目。此时会弹出一个"新建项目（Open Project）"窗口，在左侧的"Visual C++"中选择"Win32"，在窗口中间选择"Win32 控制台应用程序（Win32 Console Applicstion）"。在窗口下方的"名称（Name）"栏中输入我们建立的新项目的名字，今指定项目名为"project_1"。在"位置（Location）"栏中输入指定的路径，今输入"D:\C++"，表示要在 D 盘的"C++"目录下建立一个名为"project_1"的项目（名称和位置的内容是由用户自己随意指定的）。也可以用"浏览（Browse）"从已有的路径中选择。此时，最下方的"解决方案名称（Solution Name）"栏中自动显示了"project_1"，它和刚才输入的项目名称（project_1）同名。然后，选中右下角的"为解

第 15 章 用 Visual Studio 2010 运行 C++程序

决方案建立目录（Create directort for Solution）"多选框，见图 15.3。

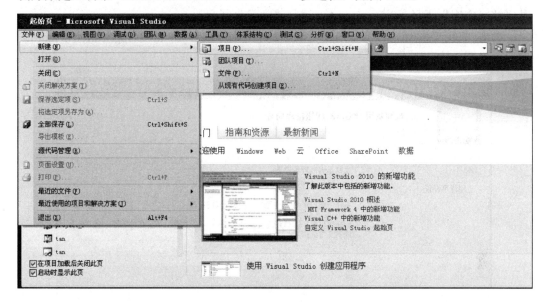

图 15.2

图 15.3

说明：在建立新项目 project_1 时，系统会自动生成一个同名的"解决方案"。一个"解决方案"中可以包含一个或多个项目，组成一个处理问题的整体。处理简单的问题时，一个解决方案中只包括一个项目。经过以上的指定，形成的路径为：D:\C++\project_1（这是"解决方案"子目录）\project_1（这是"项目"子目录）。

单击"确定"按钮，屏幕上出现"Win32应用程序向导（Win32 Application Wizord）"窗口，见图15.4。

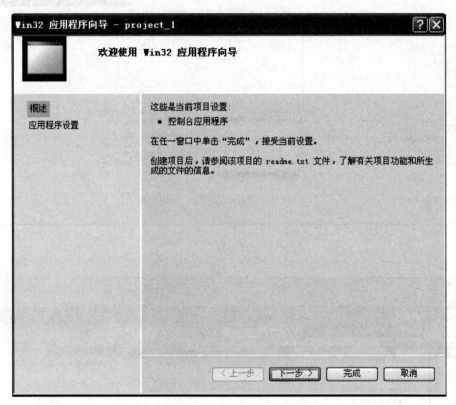

图 15.4

单击"下一步"按钮，出现图15.5。在中部的"应用程序类型（Application type）"中选中"控制台应用程序（Console application）"（表示要建立的是控制台操作的程序，而不是其他类型的程序），在"附加选项（Additional options）"中选中"空项目（Empty project）"，表示所建立的项目现在内容是空的，以后再往里添加。

单击"完成（Finish）"按钮，一个新的解决方案project_1和项目"project_1"就建立好了。屏幕上出现如图15.6所示的窗口。

如果在图15.6中没有显示出窗口中的内容，可以从窗口右上方的工具栏中找到"解决方案资源管理器（Solution Explorer）"图标（见图15.6右上角），单击此图标，在工具栏的下一行出现"解决方案资源管理器"选卡，还可以根据需要把工具栏中其他工具图标（如"对象浏览器（object Browser）"以选卡形式显示。单击"解决方案资源管理器"选卡，可以看到窗口中第一行为："解决方案'project_1'（1 个项目）"（英文版显示：Solution 'project_1'（1 project）），表示解决方案project_1中有一个project_1项目，并在下面显示出project_1项目中包含的内容。

第 15 章　用 Visual Studio 2010 运行 C++程序

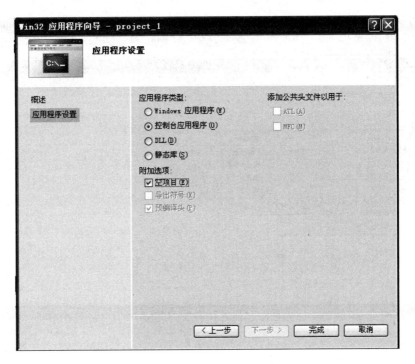

图　15.5

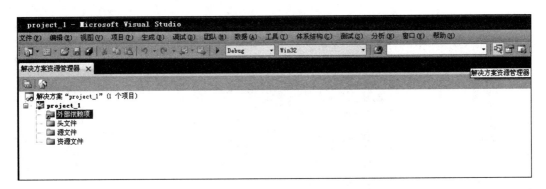

图　15.6

15.3　怎样建立文件

现在要在 project_1 项目中建立新的文件。在图 15.6 的窗口中，选择"project_1"下面的"源文件（Source Files）"，右击"源文件（Source Files）"，再选择"添加（Add）"→"新建项（New Item）"，见图 15.7。

此时，出现"添加新项（Open New Item）"窗口，见图 15.8。在窗口左部选择"Visual C++"，中部选择"C++文件（C++ files）"，表示要添加的是 C++文件，并在窗口下部的"名称（Name）"框中输入指定的文件名（今用 test），系统自动在"位置（Location）"框中显示出此文件的路径：D:\C++\project_1\project_1\，表示把 test 文件放在"解决方案

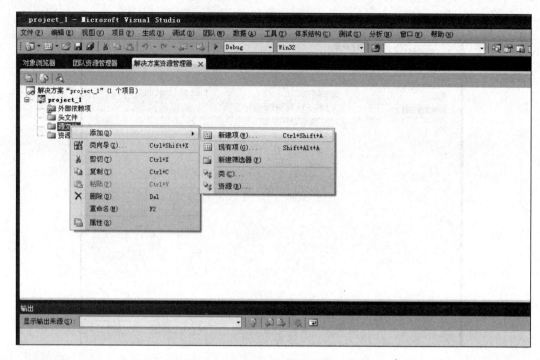

图 15.7

图 15.8

project_1"下的"project_1 项目"中。

此时单击"添加（Add）"按钮，出现编辑窗口，请用户输入 C++源程序。今输入一个 C++程序，见图 15.9。

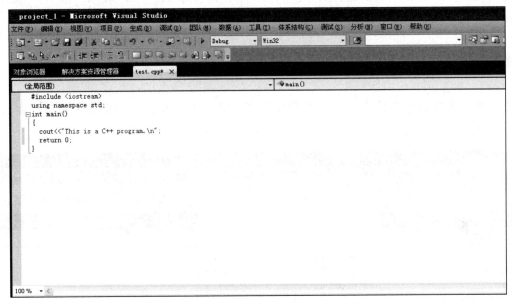

图 15.9

输入和编辑好的文件最好先保存起来，以备以后重新调出来修改或编译。保存的方法是：选择"文件（File）"→"保存（Save）"，将程序保存在刚才建立的 test.cpp 文件中，见图 15.10。也可以用"另存为（Save As）"保存在其他指定的文件中。

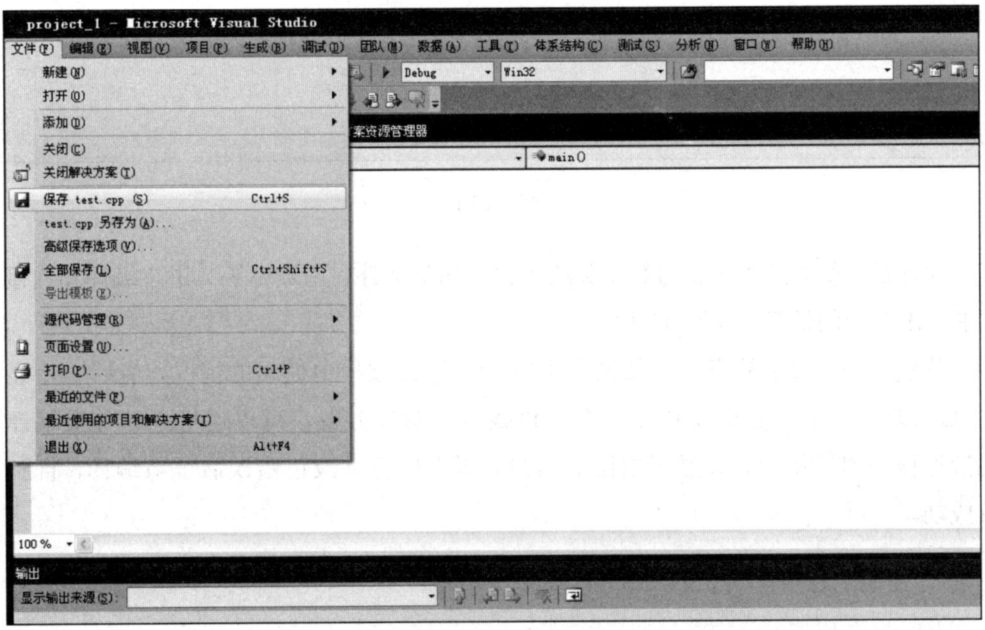

图 15.10

如果不是建立新的文件,而是想从某一路径(如存放在 U 盘中的文件)读入一个已有的 C++程序文件,可以在图 15.7 中选择"添加"→"现有项",单击所需要的文件名,这时该文件即被读入(保持其原有文件名),添加到当前项目(如 project_1)中,成为该项目中的一个源程序文件。

15.4　怎样进行编译

把一个编辑好并检查无误后的程序付诸编译,方法是:从主菜单中选择"生成(Build)"→"生成解决方案(Build Solution)",见图 15.11。

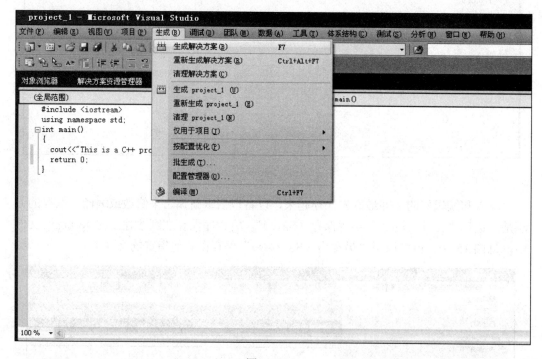

图　15.11

此时系统就对源程序和与其相关的资源(如头文件、函数库等)进行编译和连接,并显示出编译的信息,见图 15.12。

从图 15.12 所示的窗口下部显示了编译和连接过程中处理的情况,最后一行显示"生成成功",表示已经生成了一个可供执行的解决方案,可以运行了。如果编译和连接过程中出现错误,会显示出错的信息。用户检查并改正错误后重新编译,直到生成成功。

第 15 章 用 Visual Studio 2010 运行 C++程序

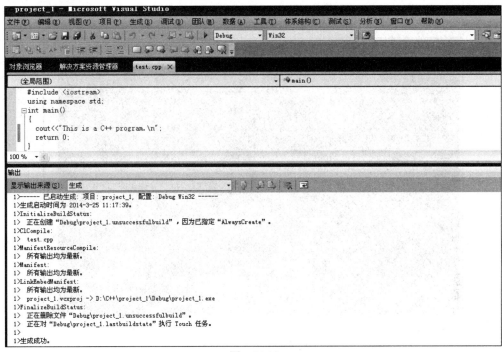

图 15.12

15.5 怎样运行程序

接着，选择"调试（Debug）"→"开始执行（不调试）"（Start Without Debugging），见图 15.13。

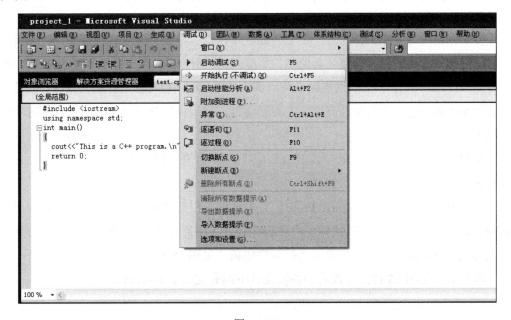

图 15.13

程序开始运行，并得到运行结果，见图 15.14。

图 15.14

如果选择"调试（Debug）"→"启动调试（Start Debugging）"，程序运行时输出结果一闪而过，不容易看清，可以在源程序最后一行"return 0;"之前加一个输入语句"getchar( );"即可避免这种情况。

15.6 怎样打开一个项目中的 C++源程序文件

假如你在项目中编辑并保存一个 C++源程序，现在希望打开项目中该源程序文件，并对它进行修改和运行。需要注意的是，不能采用打开一般文件的方法（直接在该文件所在的子目录双击文件名），这样做是可以调出该源程序，也可以进行编辑修改，但是不能进行编译和运行。应当先打开解决方案和项目，然后再打开项目中的文件，这时才可以编辑、编译和运行。

在起始页主窗口中，选择"文件（File）"→"打开（Open）"→"项目/解决方案（Project/Solution）"。见图 15.15。

这时出现"打开项目（Open Project）"对话框，根据已知路径找到你所要找的子目录 project_1（解决方案），再找到子目录 project_1（项目），然后选择其中的解决方案文件 project_1（其后缀为.sln），单击"打开"按钮。见图 15.16。

屏幕显示如图 15.17。可以看到在源文件下面有文件名 test.cpp。

第 15 章　用 Visual Studio 2010 运行 C++程序

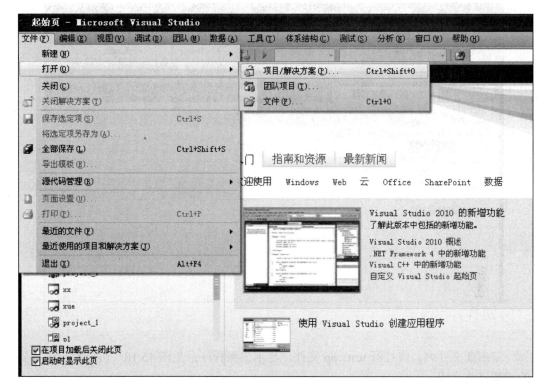

图 15.15

图 15.16

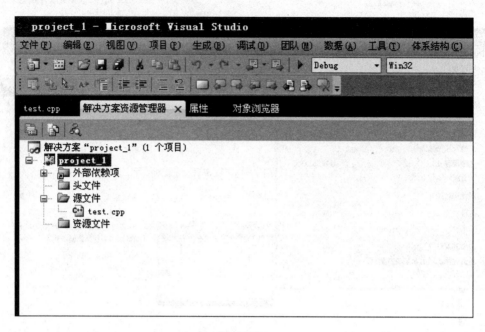

图 15.17

双击此文件名,就打开 test.cpp 文件,显示出源程序,见图 15.18。可以对它进行修改或编译(生成)。

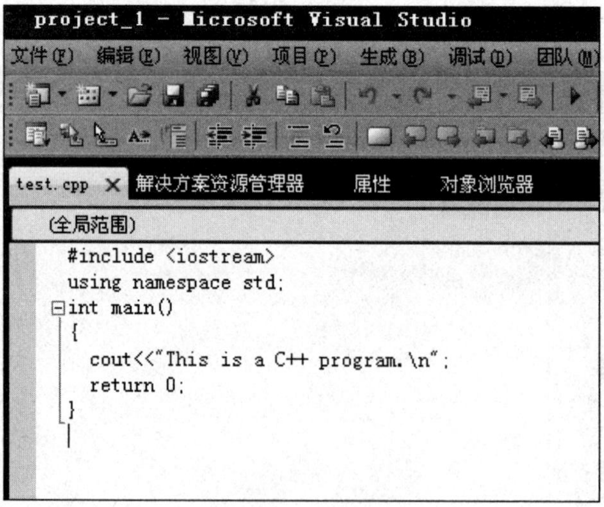

图 15.18

15.7 怎样编辑和运行一个包含多文件的程序

前面运行的程序都只包含一个文件单位,比较简单。如果一个程序包含若干个文件单位,怎样进行呢?

假设有以下一个程序,它包含一个主函数,3 个被主函数调用的函数。有两种处理方法:一是把它们作为一个文件单位来处理,教材中大部分程序都是这样处理的,比较简单。二是把这 4 个函数分别作为 4 个源程序文件,然后一起进行编译和连接,生成一个可执行的文件,可供运行。

例如,一个程序包含以下 4 个源程序文件:

(1) file1.cpp(文件 1)
```cpp
#include <iostream>
using namespace std;
int main()
{extern void enter_string(char str[]);
 extern void delete_string(char str[],char ch);
 extern void print_string(char str[]);
 char c;
 char str[80];
 enter_string(str);
 scanf("%c",&c);
 delete_string(str,c);
 print_string(str);
 return 0;
}
```
(2) file2.cpp
```cpp
#include <iostream>
void enter_string(char str[80])
{
 gets(str);
}
```
(3) file3.cpp
```cpp
#include <iostream>
void delete_string(char str[],char ch)
{int i,j;
 for(i=j=0;str[i]!='\0';i++)
   if(str[i]!=ch)
     str[j++]=str[i];
  str[j]='\0';
}
```
(4) file4.cpp
```cpp
#include <iostream>
void print_string(char str[])
{
  printf("%s\n",str);
}
```

程序的作用是:输入一个字符串(包括若干个字符),然后输入一个字符,程序就从字符串中将后面输入的字符删去。如输入字符串："This is a C program."，再输入字符'C'，就会从字符串中删去字符'C'，成为"This is a program."。

操作过程如下：

（1）按照本章 15.2 节介绍的方法，建立一个新项目（项目名今为 project_2）。

（2）按照本章 15.3 节介绍的方法，向项目 project_2 中添加一个新文件 file1.cpp。并且在编辑窗口中输入上面文件 1 的内容，并把它保存在 file1.cpp 中。

（3）用同样的方法，先后向项目 project_2 中添加新文件 file2.cpp，file3.cpp，file4.cpp，并输入上面文件 2、文件 3、文件 4 的内容，并把它分别保存在 file2.cpp、file3.cpp、file4.cpp 中。此时在"解决方案资源管理器"中显示在项目 project_2 中包含了这 4 个文件，见图 15.19。

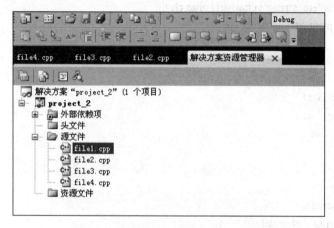

图　15.19

（4）在主菜单中选择"生成（Build）"→"生成解决方案（Build Solution）"，就对此项目进行编译与连接，生成可执行文件。见图 15.20。

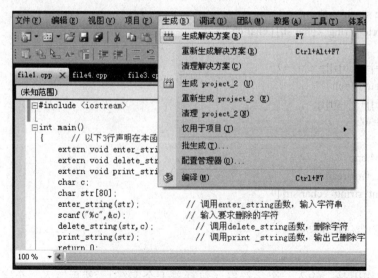

图　15.20

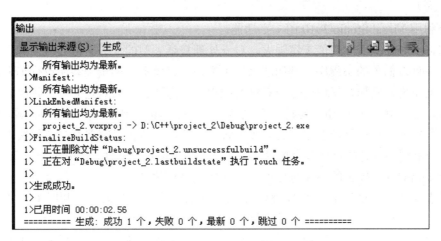

图 15.20（续）

（5）在主菜单中选择"调试（Debug）"→"开始执行（不调试）"（Start Without debugging），运行程序，得到结果。见图15.21。

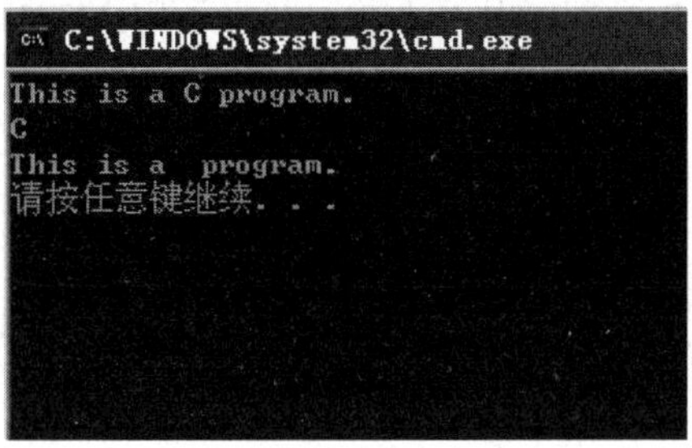

图 15.21

15.8 关于用Visual Studio 2010编写和运行 C++程序的说明

在"C++程序设计"课程中，接触到的大多是简单的程序，过去，初学者大都用Visual C++6.0，比较方便，可以直接在Visual C++ 6.0的集成环境中编辑、编译和运行一个C++程序。

由于在部分使用Windows 7操作系统的计算机中不能安装Visual C++ 6.0，而只能安装和使用Visual Studio 2008或2010等较新的版本，因此，本书简单介绍怎样用Visual Studio 2010编写和运行C++程序。

Visual C++ 6.0和Visual Basic 6.0一样，是独立的集成环境（IDE），对程序的编辑、编译和运行都在该IDE中完成。而Visual Studio 2010则不同，它把Visual C++，Visual Basic和C#等全部集成在一个Visual Studio集成环境中，Visual C++ 2010是Visual Studio 2010中有机的一部分，不能单独安装和运行Visual C++ 2010。这样做的好处是各部分可以充分利用 Visual Studio 2010 的丰富功能。

　　Visual Studio 2010 功能丰富强大，对于处理复杂大型的任务是得心应手的。但是如果用它来处理简单的小程序，则如同杀鸡用牛刀。就像把火车轮子装在自行车上，反而觉得行动不便。例如，每运行一个 C++习题程序，都要分别为它建立一个解决方案和一个项目，运行 10 个程序往往要建立 10 个解决方案和 10 个项目，显得有些麻烦。但是在运行大程序时，反而不需要建立这么多个解决方案，而往往只需要有一个解决方案就够了，在一个解决方案中包括多个项目，在项目中又包括若干文件，构成一个复杂的体系。Visual Studio 2010 提供的功能对处理大型任务是很有效的。

　　作者认为，大学生学习"C++程序设计"课程，主要是学习怎样利用 C++语言进行面向对象的程序设计。为了上机运行程序，当然需要有编译系统（或集成环境），但它只是一种手段。从教学的角度说，用哪一种编译系统或集成环境都是可以的。不要把学习重点放在某一种编译环境上。建议读者在开始时对 Visual Studio 不必深究，不必了解其全部功能和各种菜单的用法。只要掌握本章介绍的基本方法，能运行 C++程序即可。在使用过程中再逐步扩展和深入。

　　如果将来成为专业的 C++程序开发人员，并且采用 Visual Studio 2010 作为开发工具时，就需要深入研究并利用 Visual Studio 提供的强大丰富功能和丰富资源，以提高工作效率与质量。

　　Visual Studio 2008 和 Visual Studio 2010 的用法基本上是一样的，因此对 Visual Studio 2008 不再另作介绍。

第 16 章

GCC 的上机操作

16.1 GCC 简介

16.1.1 什么是 GCC

GCC 最早是 GNU-C-Compiler（GNU C 语言编译器）的缩写，现在则是 GNU-Composed-Compiler（GNU 编译器集群）的缩写。GNU 的最著名代表项目是 Linux。GNU 是一个没有实际意义的"自缩略语"——Gnu is Not UNIX。意思是 "Gnu 不是 UNIX"。在 1983 年一些早年的 UNIX 开发者发起了一个开放软件运动。他们认为，软件应当是开放的，任何人都应该可以接触到源代码，这样不仅用户可以随时根据自己的需要修改程序，而且软件本身也可以通过类似生物进化的模式（无限分支，优胜劣汰）得到全面的完善。由于当时 UNIX 主要由软件厂商所控制，因此 GNU 决定给自己起名叫 "Not UNIX"，表示有别于 UNIX。

GCC 是一个开放的程序语言编译器。GCC 的核心是 C/C++编译器。GCC 与众不同的特点在于它是完全开放的，是自由软件，可以从网上下载，任何人都可以免费得到这个软件包甚至源代码。由于 GCC 的开放性，它已经被软件行业的自由开发者移植到各种不同平台。它既可以用于 Windows 环境，也可用于 DOS，UNIX，Linux 等操作系统。

由于 GCC 不属于营利性的公司，没有任何商业意图，因而其实现的功能最接近 ANSI 标准，GCC 是目前最标准的 C/C++语言编译器之一。使用 GCC 的程序人员的习惯可以说是最好的。因为他们习惯于正确使用标准的 C/C++用法。由于没有商业目的，GCC 不会出现"为了收钱而升级"的情况，因此其产品本身比较稳定，不需要进行不必要的更新。由于有不同的开发人员将 GCC 移植到了多种不同平台，为 GCC 写的程序在各个平台之间，是源代码级兼容的（个别直接操作硬件的程序除外）。这为移植程序打下了良好基础。GCC 在国外应用十分广泛，很有发展前途。建议读者了解它，使用它。

16.1.2 GCC 和 DJGPP

DJGPP 是 GCC 在 DOS/Windows 平台上的实现。DJ Delorie 把以 GCC 为主的若干开放软件编译器移植到了 Intel 80386，Windows/DOS 平台上，称之为 DJGPP。DJ 是移

植者姓名的缩写，G 是 GCC 的缩写，PP 是 plus plus 的缩写。它包括 C/C++的编译器，没有包括其他 GCC 编译器（如 FORTRAN 等）。为方便起见，我们仍把包括 DJGPP 在内的所有 GCC 的版本统称为 GCC。

16.1.3　DJGPP 与 RHIDE

作为开放软件，GCC 并不是"一个"软件。大量来自于世界各地，热衷于开放软件的程序员为开放软件做出了巨大的贡献。由于开放软件的开放性，源代码可以自由获得，由不同程序员主导的不同程序能够实现高度的集成。可以说，现有的具有知识产权、作为商品出售的软件更热衷于名称的集成，但系统中各个部件之间却协调得并不理想。而开放代码软件恰恰相反，名称是集成最差的部分（因为没有商业利益驱动，开放代码程序员往往给软件起具有迷惑性的名称），而各个软件之间由于可以完全了解甚至修改源代码，相互集成是非常顺畅的。

使用 DJGPP 需要了解与 DJGPP 集成在一起的另一个重要的软件 RHIDE。

随 DJGPP 一起发送的集成软件开发环境（IDE）就是由另外一个程序员 Robert Hoehne 所开发的，因此称为 RHIDE。RHIDE 不是一个编译器，而是一个开发环境（编译调试环境）。它提供了一个界面供开发者输入和编辑、调试与运行。而真正的编译工作是由 DJGPP（gcc.exe）完成的（RHIDE 在后台调用 gcc.exe 来编译，并将编译信息显示在 RHIDE 的窗口里）。这也是为什么整个软件包依然使用 DJGPP 作为主要名称的原因。

没有 RHIDE 依然可以使用 DJGPP，比如有的人喜欢用 notepad.exe 来编辑源程序，然后直接调用 gcc.exe 来编译（使用这种方法需要掌握 gcc.exe 命令行参数的用法）。但是由于 RHIDE 与 DJGPP 集成得如此紧密，大多数的开发者都使用 RHIDE 作为开发环境。因此用户在屏幕上看到的是 RHIDE 的界面，RHIDE 的曝光率反而大大高于 DJGPP（gcc.exe）了。

本书中将以 RHIDE 为主要开发环境来使用 DJGPP。

16.2　安装 DJGPP

实际上，对 DJGPP 只须复制，这里称之为安装是因为大家都已经习惯了"使用一个软件以前要安装"这一说法。DJGPP 的安装其实就是复制（copy）。

最简单的方法就是将本书教学资源中的 DJGPP 子目录拖动到你所选定的硬盘目录（可以是 C:，也可以是 D:\abc 或其他）。然后进入 C:\djgpp，或者 D:\abc\djgpp，就可以开始使用 DJGPP 了。

如果想将你的 DJGPP 移动到另一个位置，只须在资源管理器中将硬盘上的 DJGPP 拖动到你选定的目录中就可以了。比如你的 C 盘空间紧张，你想把 DJGPP 移到 D:\develop 目录下，只须在资源管理器中将 C 盘下面的 DJGPP 拖动到 D:\develop，松开鼠标就可以了。不需要卸载和重新安装，十分方便。

高级安装：在本书的教学资源中，我们编好了一个批处理文件 DJGPP.bat，放在 DJGPP 子目录下。一般情况下，读者可以通过运行这个批处理文件自动启动 RHIDE。

如果你不使用这个文件（比如你从 http://www.delorie.com/djgpp/ 下载了新版本的 DJGPP），则需要自己进行必要的处理，需要在每次打开 DOS 窗口后，使用 DJGPP 以前设置两个必要的环境变量：

set PATH=<u>C:\DJGPP</u>\BIN;%PATH%
set DJGPP=<u>C:\DJGPP</u>\djgpp.env

如果你想将 DJGPP 复制到你自己指定的目录下，应将上面两行中有下划线的部分替换成你选定的 DJGPP 目录。比如，你想将 DJGPP 的所有文件复制到 D:\develop\DJGPP 下，你就需要改为：

set PATH=D:\develop\DJGPP\BIN;%PATH%
set DJGPP=D:\develop\DJGPP\djgpp.env)

你可以在 DOS 环境或者 Windows 的 DOS 窗口里直接输入上述指令。

当然，更好的方法是建立一个批处理文件，每次使用 DJGPP 时，先打开 DOS 窗口，然后调用这个批处理文件即可。

具体的做法是：打开 DOS 窗口，输入以下内容来建立批处理文件 DJGPP.bat:

C:\>**COPY CON <u>C:\DJGPP</u>\DJGPP.bat**
set PATH=<u>C:\DJGPP</u>\BIN;%PATH%
set DJGPP=<u>C:\DJGPP</u>\djgpp.env
<u>**C:\DJGPP**</u>**\BIN\rhide**   （自动启动 RHIDE）
^Z

最后一行的"^Z"表示 Ctrl+Z，即按住 Ctrl 的同时按下 Z。如果你不打算把 DJGPP 安装在 C:\DJGPP 下，就需要将下划线的部分替换成你选择的安装目录。

如果你在安装后将 DJGPP 移动到了其他目录下，那么你需要同时修改这个批处理文件，将下划线部分替换为新的 DJGPP 目录。

这样以后每次就可以在 <u>C:\DJGPP</u> 目录下直接输入

djgpp↙

运行 DJGPP.bat 来启动 RHIDE 了。有经验的用户甚至可以创建一个快捷方式到桌面，或者放在"开始"菜单中，从而实现一键进入 DJGPP。

16.3　进入 DJGPP 开发环境 RHIDE

1．方法一

如果你使用本书教学资源中的 DJGPP 版本（或者依照高级安装的使用说明安装了新版本的 DJGPP），进入 RHIDE（DJGPP 的集成开发环境）最简单的方法是：打开一个 DOS 窗口，切换到 DJGPP 子目录下，运行 DJGPP.bat，即

C:\> **CD DJGPP** （或切换到你自己的 DJGPP 子目录）
C:\DJGPP> **DJGPP**

2．方法二

如果你使用了本书教学资源中的安装程序（自动运行程序）安装 DJGPP，你可以通过点击"开始"→"程序"→DJGPP，进入 RHIDE。也可以建立快捷方式，在 Windows 桌面上建立 DJGPP 图标，双击它就启动 DJGPP，这就更方便了。

如果你采用了高级安装的最后一个步骤，你也可以通过双击桌面上的"快捷方式 DJGPP"图标或者单击"开始"菜单里的 DJGPP 来启动 DJGPP。

如图 16.1 所示是进入 RHIDE 后的第一个画面。

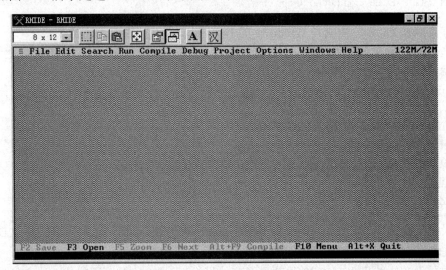

图 16.1

使用过 Borland Turbo C 的读者，可能会立刻发现这个 RHIDE 的界面很眼熟。RHIDE 的界面确实是参考 Turbo C 设计的（其实 RHIDE 与 DJGPP 的关系就如同 TC.exe 与 TCC.exe 的关系，前者是集成开发环境，后者是真正的幕后编译器）。

用过 Turbo C 的人很容易学会 DJGPP 的使用。

16.4 使用 RHIDE 窗口

16.4.1 RHIDE 窗口

RHIDE 窗口的使用与 Windows 窗口的使用非常类似（见图 16.2）。比如各个窗口也有滚动条，按住窗口标题，可以拖动窗口移动位置，按住调整窗口大小的右下角，可以改变窗口大小，单击窗口最大化的向上箭头，可以使窗口占满整个 RHIDE 屏幕。

图 16.2

在 RHIDE 编辑窗口的左下角，有两个冒号隔开的数字，这是当前光标所在的行：列数。由于编译器发现错误时，主要靠行、列数字来提示错误所在处，因此这两个数字对于调试程序是非常有帮助的。

16.4.2 在 RHIDE 中使用鼠标

RHIDE 虽然是基于字符界面的开发环境，但是它也是支持鼠标操作的。在 Windows 98 中不需要进行任何设置，即可与其他图形界面的软件一样正常使用鼠标。在新的 Windows 版本（Windows 2000/XP）中，鼠标的小指针变成了一个小方块。

有人可能已经发现，选择文件（File）菜单并没有反应（见图 16.3），这是因为在新版本的 Windows 里，"快速编辑"是默认选择。"快速编辑"为你从 DOS 窗口复制内容提供了方便，但是却屏蔽了鼠标的其他功能（如单击菜单）。

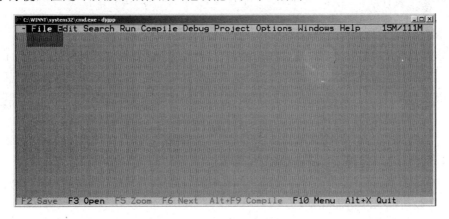

图 16.3

取消"快速编辑"功能，就可以恢复 DOS 窗口中的鼠标功能。单击窗口左上角的 C:\图标，在下拉菜单中选择"属性"（Properties）命令，见图 16.4。

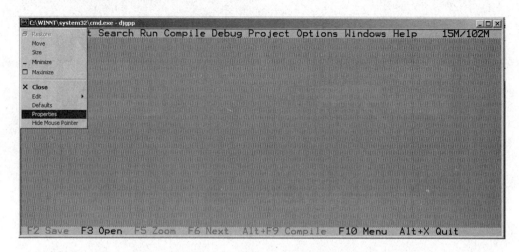

图 16.4

在弹出的窗口中,选择 Options,在该页右侧的 Edit Options 区中确认 Quick Edit Mode（快速编辑模式）没有被选中（左边的方框里没有打钩）。单击"确认"（OK）按钮,见图 16.5。

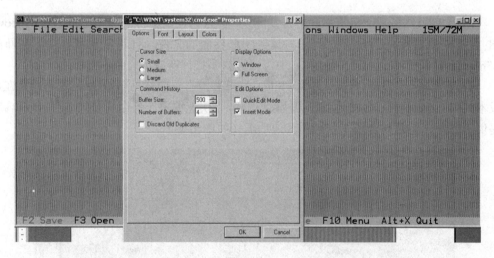

图 16.5

这样,就可以使用鼠标打开 RHIDE 的菜单了。

这其实是 Windows 的一个小技巧,由于使用 DOS 窗口的人越来越少,所以这个小技巧不像以前那么众所周知了。

16.5 输入一个新程序

选择 File（或按 Alt +F）→New（或按 Alt+N）命令,此时出现 RHIDE 的编辑窗口。在此窗口中输入 C++源程序（现在输入的是教材第 1 章例 1.2 程序）。由于是新程序,并未命名,在被保存之前暂称为 Untitled,见图 16.6。

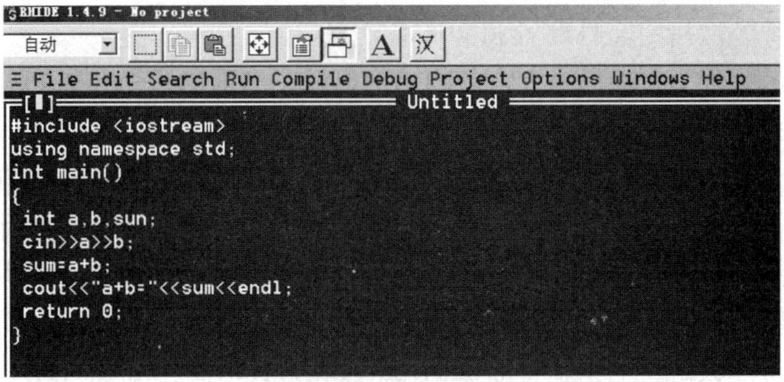

图 16.6

在对此源程序进行编辑修改之后,应当尽快存盘。方法是:选择 File→Save as 命令(见图 16.7),拟将源文件存放在用户指定的子目录中。

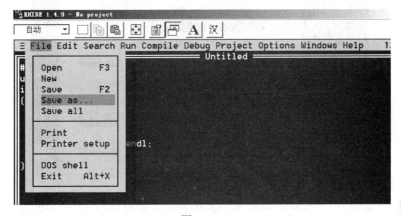

图 16.7

在弹出的 Save file as 窗口(见图 16.8)中输入你指定的文件名。但请务必注意文件路径问题。

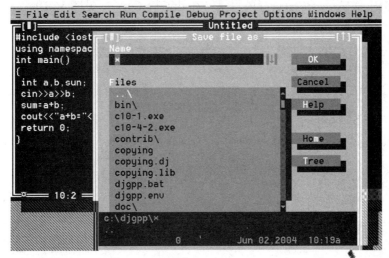

图 16.8

可以用两种方法指定文件路径和文件名。

（1）通过鼠标改变文件目录。窗口的下部显示了当前的目录（如 C:\djgpp），在窗口中部的 Files 列表框中列出在该目录下的子目录名和文件名，供用户选用，如果想将程序保存在列表框中某一个文件中，可以双击该文件名。该文件名就会出现在 name 文本框中，然后单击 OK 按钮即可。列表框中第一行的"..\"代表上一级的目录，双击它会显示出上一级目录的内容。如果在列表框中找不到你所需要的文件名，可以在上部的 name 文本框中输入你指定的文件名。如果不希望把源文件存放在系统显示的目录下，应首先改变文件路径，方法是：单击窗口右部 Tree 按钮，此时弹出如图 16.9 所示的 Change Directory 子窗口，在其中列出了文件目录树形结构。

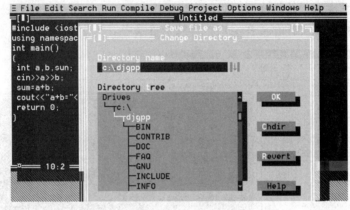

图 16.9

在子窗口上部的 Directory name 文本框中显示了当前目录（如 C:\djgpp），窗口中部的 Directory tree（目录树）显示了该目录下的目录树形结构，供用户选择。如果想改变路径，可以单击 Directory name 文本框右侧的箭头"↓"，在其下拉列表中列出了你最近曾用来保存过源文件的目录，可双击你所选择的目录（如 d:\C++\C++xt），这时 Directory name 文本框中就显示出你所选择的目录（如 d:\C++\C++），见图 16.10。

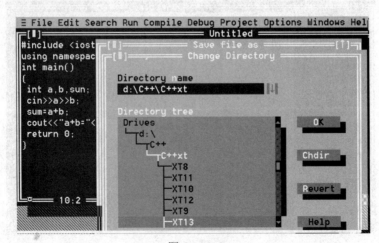

图 16.10

也可以不通过箭头"↓"来改变目录，而直接向 Directory name 文本框输入目录。在确定目录后，单击 OK 按钮，这时返回到 Save file as 窗口，但是，请注意此时其显示内容改变了（见图 16.11）。从图的下部可以看到：当前目录已改为刚才指定的 d:\C++\C++xt\，中部 Files 列表框中是该目录下的子目录名和文件名。可以从该列表框中选择文件名（或通过子目录名再选择文件名），也可以直接向 Name 文本框中输入文件名，然后单击 OK 按钮，至此保存文件任务完成，源程序已存放到指定的文件中了。RHIDE 的源程序编辑窗口的上方显示出你指定的文件路径和文件名，如"D:\C++\C++xt\c1-2.cpp"。

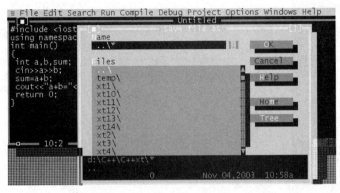

图 16.11

（2）也可以不必经过以上这些步骤，直接在图 16.8 所示的 name 文本框中输入路径和文件名即可，如"D:\C++\C++xt\c1-2.cpp"。这种方法简单明了，但需要对文件路径十分清楚。

16.6 打开已有的文件

如果想调出一个已存在的 C++源程序进行修改，则应选择 File（或 Alt+F 组合键）→ Open（或 Alt+O 组合键）命令，或者直接按快捷键 F3，这时会弹出一个 Open a file 的窗口，见图 16.12。

图 16.12

最下部显示的是当前的目录（如 d:\c++\program\1-4），如果想打开此目录下的文件，可以直接从中部列表框中找，双击所需的文件名即可。也可以直接向 name 文本框输入文件名，然后单击 Open 按钮。如果想从名字差不多的几个文件中选择一个文件，可以在 name 文本框中输入通配符，如在当前目录 d:\c++\program\1-4\的情况下，在 name 文本框中输入 "c1*.cpp"，则在中部的 Files 列表框中只列出前两个字符为 "c1" 的.cpp 文件，把其他无关的文件名都过滤掉，从而提高了选择的效率，见图 16.13。

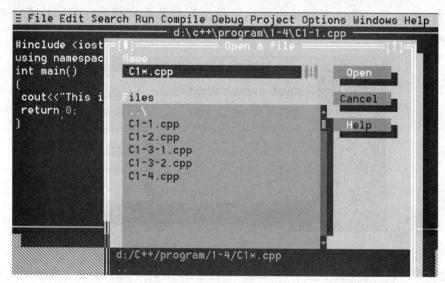

图　16.13

如果所需的文件不在当前目录下，可以通过单击 "..\" 回到上一级目录（需要时可多次单击 "..\"，逐级查找，直到在列表框中找到所需的文件为止。

文件打开后，源程序会立即显示在编辑窗口中，可以进行修改，在修改后注意及时存盘，如果不想改变文件名，用 File→Save 直接保存即可，不必用 Save as（另存为）。

16.7　源程序的编译和连接

16.7.1　关于项目

在编译由一个源程序组成的程序时，是不必建立项目文件的，比较简单。但是应当了解有关项目（project）的概念，不仅以后在编译和运行由多个源程序组成的程序时用得着，而且在编译由一个源程序组成的程序时，也会遇到这方面的问题。因此，在介绍如何进行编译和连接之前，有必要了解一些有关项目的知识。

C++是为开发大型软件而设计的，有些功能是针对大规模软件工程的需要而设计的，对于初学者开发小型程序并不一定方便。这就如同将火车的车轮安装在自行车上，骑车人并不觉得方便一样。一个大型程序通常是由许多个源程序文件组成的，要把这些源程序文件组成一个项目，然后对这个项目统一进行编译连接。RHIDE 的特点是 "项目" 导向，而非源文件导向。在默认情况下，RHIDE 会在编译的时候自动生成或者更新一个项目文件，在下次打开 RHIDE 时，如果当前目录只有这一个项目文件的话，这个项目文件会被自动打开。

在运行简单的程序时，可以不使用项目，所以每次进入 RHIDE 后，最好先查一下 Project 菜单，如果其中的 Close project 菜单项是红黑色的（而不是灰色的），说明系统已自动地为你建立了一个项目并已经被打开，可以单击 Close project 关闭项目，见图 16.14。

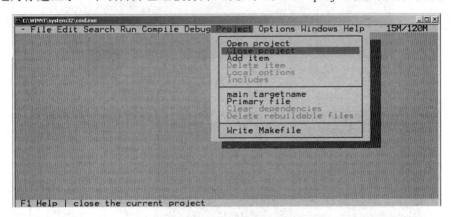

图 16.14

关闭项目后，你的源文件仍然是打开着的，关闭项目不影响你打开的源文件。

16.7.2 编译源程序

选择 Compile→Compile 或 Compile→Make 命令（也可以按 Alt+F9 组合键或 F9 键），开始对源程序进行编译。如果无错，会在下部的 Message Windows 窗口中显示出 no errors，表示没有出现编译错误，此时会生成目标文件（如 c1-2.o）。如果有编译错误，会在 Message Windows 窗口中显示出错信息，error 表示致命错误，系统不生成目标程序，必须改正后重新进行编译，warning 表示警告，它不是致命错误，可以生成目标程序，但不保证运行结果正确无误。应当使程序既无 error，又无 warning，然后进行连接。

16.7.3 程序的连接

连接的作用是将一个程序中的各个文件以及系统提供的资源（如函数库、类库等）连接成为一个整体，生成一个可执行文件。

选择 Compile→Link 命令进行连接，如无错，会生成最后的可执行文件（如 c1-2.exe）。
以上编译和连接两步可以合并为一步：
选择 Compile→Build all 命令一次完成编译与连接，如无错误可直接生成可执行文件。
有时会出现这样的情况：编译能通过，但在连接时出错，显示出错的信息是"找不到另外一个文件"，如图 16.15 所示。

这可能是在同一个项目（project）中包含了另外不相干的文件（如图 16.11 中所示的 xt4-1.cpp），可能是以前运行过的程序，运行后未关闭 project，从而在一个项目中积累了多个文件。为了检查项目中的情况，可以选择 Windows→Project 命令（见图 16.16）。

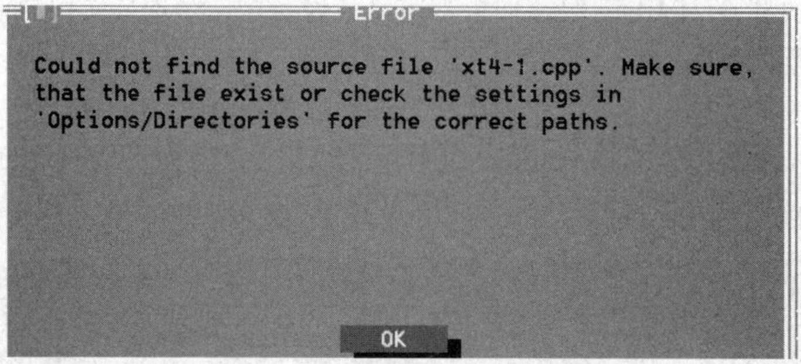

图 16.15

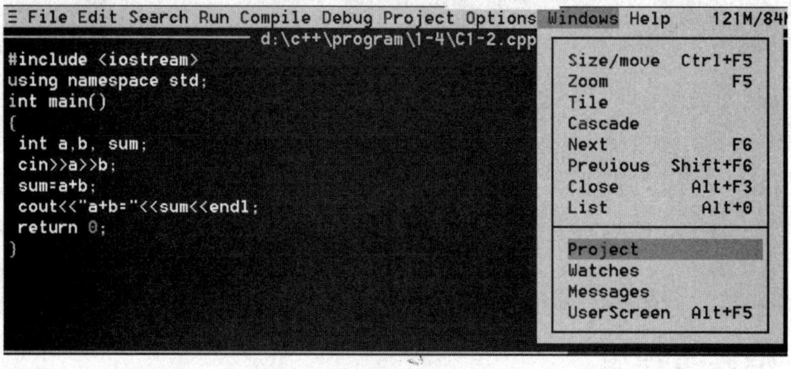

图 16.16

此时可以看到在编辑窗口下面的窗口变成了 Project Windows 窗口，在其中显示了在本项目中包含的文件（见图 16.17），果然有好几个文件。可以选中不需要的文件，按 Del 键把它一一删去，只剩下需要的文件。再进行连接，就顺利通过了。

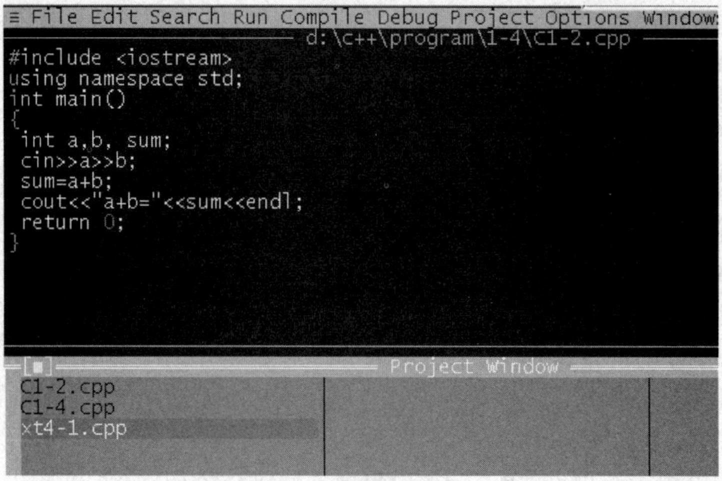

图 16.17

16.8 运行可执行文件

选择 Run→Run 命令（或按 Ctrl+F9 组合键），即开始运行，屏幕上 RHIDE 编辑窗口消失，出现运行窗口。由于本程序需要输入数据，在开始运行后，等待用户输入数据，这里输入"3 5"，并按回车键。程序运行结束后，屏幕又立即转回编辑窗口，用户看不到输出的结果，如果想观察输出结果，可以选择 Windows→User Screen（见图 16.18）。

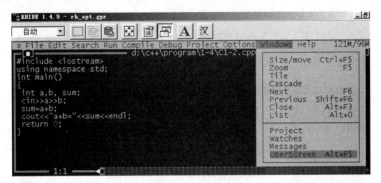

图 16.18

也可以按 Alt+F5 组合键实现此目的。此时可以看到如图 16.19 所示的输出窗口，图中最后两行是输入的数据和输出的结果。用户按任何一个键，就会回到 RHIDE 编辑窗口。

图 16.19

在运行完毕一个程序后、编辑新的程序前，应当选择菜单 Project→Close project 命令（见图 16.20），如果它是红黑色而不是灰色的，表示项目是打开的，关闭本项目，以免与以后用的程序混在一起。

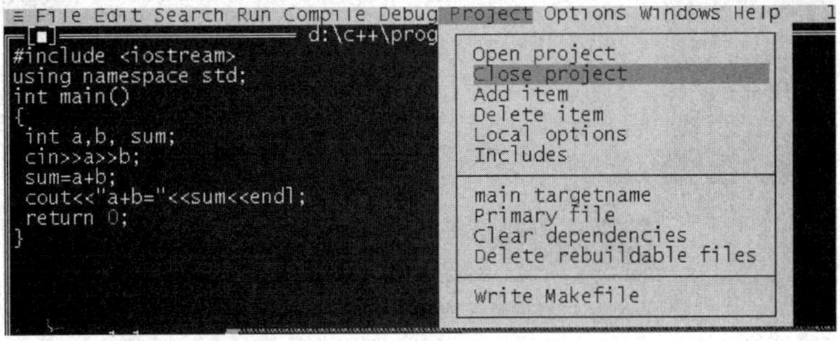

图 16.20

有了以上这些知识,就可以利用 RHIDE 环境下用 DJGPP 运行只含一个文件的 C++ 程序了。

16.9 建立和运行包含多文件的项目文件的方法

前面已经提到:如果一个程序包含多文件,一般应先建立一个项目文件(project file),然后向该项目文件添加文件,最后统一进行编译和连接。具体方法如下:

(1) 在 RHIDE 的主窗口的菜单栏中选择 Project,并从其下拉菜单中选择 Open Project 命令,这时会弹出一个 Select a project 窗口(见图 16.21),表示可以建立一个新的项目文件或选择使用一个已有的项目文件。

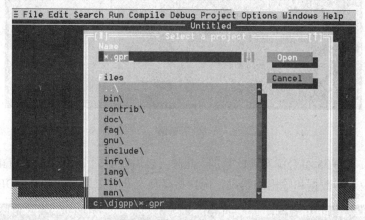

图 16.21

(2) 在 Select a project 窗口中的 Name 栏中输入你所指定的项目文件名,项目文件名的后缀不是 cpp,而是 gpr,用户在输入项目文件名时可以不写后缀 gpr,系统会自动加上后缀的。项目文件名应该是本子目录中唯一的(不能与其他项目文件同名),最好能体现本程序的某些特征,以便以后查找。这里将项目文件名指定为 test(见图 16.22)。

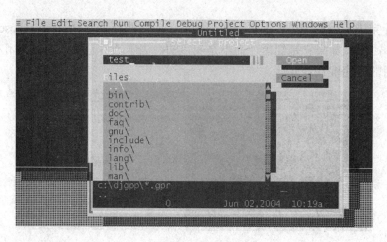

图 16.22

单击 Open 按钮（或按"回车"键）后，Select a Project 窗口消失，屏幕回到 RHIDE 主窗口。从最上方的标题栏中可以看到已建立了一个名为 test.gpr 的项目文件，但在此项目中未放入任何源文件。在主窗口的下部有一个 Project Window 窗口，它的左上角显示了<empty>，表示当前此项目中是空的，见图 16.23。

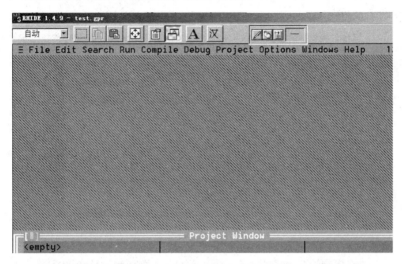

图 16.23

（3）在主窗口的菜单栏中选择 Project，并从其下拉菜单中选择 Add item 命令（见图 16.24）。

图 16.24

选择 Add item 命令后，弹出一个 Add Item 窗口（见图 16.25）。

在 Add Item 窗口中的 Name 栏中输入你指定的准备放到项目中的各源文件路径和文件名（或者根据已知的路径从 Files 下面的列表框中选中所需的文件）。今通过单击 Name 文本框右侧的箭头选择所需的子目录并从列表框中选中所需的文件名 file1.cpp。也可以直接输入"D:\C++\C++xt\xt4\file1.cpp",单击 OK 按钮,将已存放在 d:\C++\C++xt\xt4 子目录中的源文件 file1.cpp 添加到 test.gpr 项目文件中,再用同一方法将已存放在 d:\C++\C++xt\xt4 子目录中的源文件 file2.cpp 添加到 test.gpr 项目文件中,见图 16.26。从图的左下角可以看到:在 Project Window 窗口中已显示出在此项目文件中包含了 file1.cpp 和 file2.cpp 两个文件。

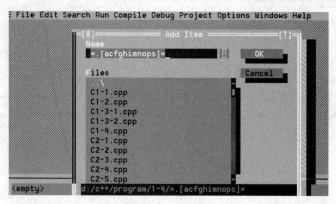

图 16.25

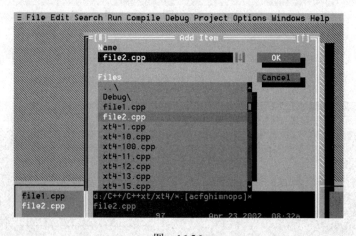

图 16.26

在添加完源文件后,单击如图 16.26 所示的 Add Item 窗口右侧的 Cancel 按钮,关闭 Add Item 窗口。至此,项目文件建立完毕。

(4) 对整个项目文件进行编译和连接。选择 Compile→make 命令,得到可执行文件 test.exe。如果编译和连接出错,改正错误后再试。

(5) 运行可执行文件 test.exe,在运行时输入所需数据,即可得到运行结果。

16.10 程序的调试

当程序的运行结果与预定的要求不同时,就需要对程序进行调试(debug)。

(1) 运行(Run)菜单里,除了"执行"(Run)以外,还有一些其他菜单项目。这些菜单项目都是为调试程序准备的，见图16.27。

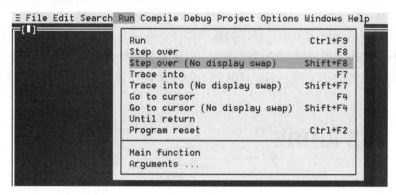

图　16.27

Step over 是单步执行，Trace into 是追踪进入子函数，Go to cursor 是执行程序直到目前光标所在的行，Until return 是执行函数直到函数返回，Program reset 则是对程序重新设置，以便从头开始。

"（No display swap）"是说明在分步执行时，不要自动切换到用户输出屏幕显示输出结果，然后再切换回 RHIDE 的调试窗口。在有些情况下来回切换屏幕会导致显示异常。

下面两个菜单项属于高级功能，在本书中不会用到。

Main function 允许设置主函数的函数名称，默认情况下是 main( )。

"Arguments …"允许设置程序参数（如 notepad.exe myfile.txt 会启动 notepad 打开 myfile.txt，其中 notepad 是程序，myfile.txt 是参数）。

（2）另外一个重要的菜单是"调试"（Debug），见图16.28。

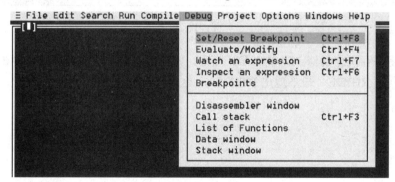

图　16.28

Set/Reset Breakpoint 用于设置/取消断点。程序在运行时碰到断点会暂时停止，等待你进行检查。

Evaluate/Modify 用于查看、更改变量的值。

Watch an expression 用于打开 Watch 窗口，连续监测一个表达式的结果。表达式的结果会随着其使用的变量的变化而变化。

Inspect an expression 用于快速计算一个表达式的结果。

Breakpoints 用于显示所有断点的列表，列表中告诉你各个断点所在的文件，以及断点所在的行数。

在初学 C++的上机实验中，程序的规模比较小，用户一般能够用人工方式检查和纠正错误，不一定用到系统提供的调试功能。但是如果需要开发大型程序，建议详细阅读 RHIDE 的说明文档，并且通过自己的实践，逐步掌握调试功能。这对开发调试大型程序非常有利。

16.11 退出 RHIDE

当完成程序的调试和运行，暂时不在 RHIDE 环境下工作时，需要退出 RHIDE。依次选择 File→Exit 命令。如果对源文件曾进行了修改，而还没有保存，RHIDE 会问你是否想要保存你的修改，见图 16.29。

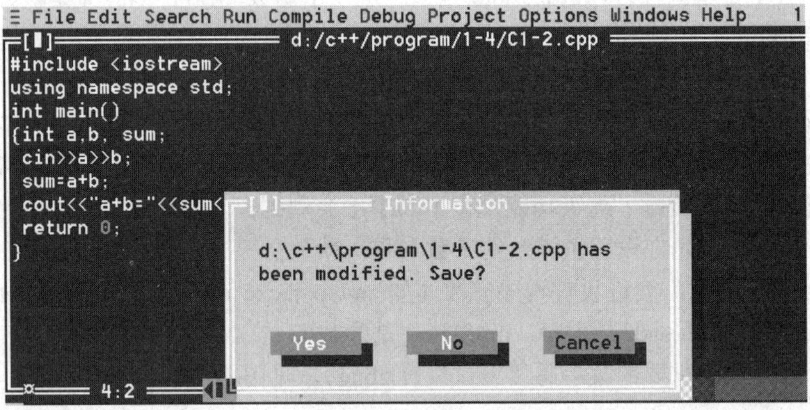

图 16.29

如果想保存所作的修改，单击 Yes 按钮；如果决定放弃所作的修改，单击 No 按钮；如果决定回到 RHIDE（即不退出 RHIDE），单击 Cancel 按钮。

第 3 部分

上机实验内容与安排

第 17 章

实 验 指 导

17.1 上机实验的指导思想和要求

1. 上机实验的目的

学习 C++程序设计不能满足于"懂得了",满足于了解了语法和能看懂书上的程序,而应当掌握程序设计的全过程,即能独立编写出源程序,独立上机调试程序,独立运行程序和分析结果。设计 C++的初衷是为方便开发大型程序,虽然在学校中初学 C++时还没有机会接触到大型程序,更不可能编写出能供实际应用的大型程序,而只能接触到比较简单的程序。但是应当通过学习 C++课程,对 C++有比较全面的认识,为今后进一步学习和应用 C++打下良好的基础。

程序设计是一门实践性很强的课程,必须十分重视实践环节。许多实际的知识不是靠听课和看书学到手的,而是通过长时间的实践积累的。要提倡通过实践去掌握知识的方法。必须保证有足够的上机实验时间,学习本课程应该至少有 30 小时的上机时间,最好能做到与授课时间之比为 1∶1。除了学校规定的上机实验以外,应当提倡学生自己课余抽时间多上机实践。

上机实验的目的,绝不仅是为了验证教材和讲课的内容,或者验证自己所编的程序正确与否。学习程序设计,上机实验的目的是:

(1)加深对讲授内容的理解,尤其是一些语法规定,光靠课堂讲授,既枯燥无味又难以记住,但它们是很重要的,初学者的程序出错往往错在语法上。通过多次上机,就能自然地、熟练地掌握。通过上机来掌握语法规则是行之有效的方法。

(2)熟悉所用的计算机系统的操作方法,也就是了解和熟悉 C++程序开发的环境。一个程序必须在一定的外部环境下才能运行,所谓"环境",就是指所用的计算机系统的硬件和软件条件,或者说是工作平台。使用者应该了解为了运行一个 C++程序需要哪些必要的外部条件(如硬件配置、软件配置),可以利用哪些系统的功能来帮助自己开发程序。每一种计算机系统的功能和操作方法不完全相同,但只要熟练掌握一两种计算机系统的使用,再遇到其他系统时便会触类旁通,很快地学会。

(3)学会上机调试程序。也就是善于发现程序中的错误,并且能很快地排除这些错误，使程序能正确运行。经验丰富的人，在编译连接过程中出现"出错信息"时，一般能很快地判断出错误所在，并改正之。而缺乏经验的人即使在明确的"出错提示"下也往往找不出错误而求助于别人。要真正掌握计算机应用技术，就不仅应当了解和熟悉有关理论和方法，还要求自己动手实现。对程序设计来说，则要求会编程序并上机调试通过。因此调试程序不仅是得到正确程序的一种手段，而且它本身就是程序设计课程的一个重要的内容和基本要求，应给予充分的重视。调试程序固然可以借鉴他人的现成经验，但更重要的是通过自己的直接实践来积累经验，而且有些经验是只可"意会"难以"言传"。别人的经验不能代替自己的经验。调试程序的能力是每个程序设计人员应当掌握的一项基本功。

因此，在做实验时千万不要在程序通过后就认为万事大吉、完成任务了，而应当在已通过的程序基础上作一些改动（如修改一些参数、增加程序一些功能、改变某些语句等），再进行编译、连接和运行。甚至于"自设障碍"，即把正确的程序改为有错的（如语句漏写分号；等于符"=="错写为赋值号"="；使数组下标出界；使整数溢出等），观察和分析所出现的情况。这样的学习才会有真正的收获，是灵活主动的学习而不是呆板被动的学习。

2. 上机实验前的准备工作

在上机实验前应事先做好准备工作，以提高上机实验的效率，准备工作至少应包括：
（1）了解所用的计算机系统（包括C++编译系统和工作平台）的性能和使用方法。
（2）复习和掌握与本实验有关的教学内容。
（3）准备好上机所需的程序。手编程序应书写整齐，并经人工检查无误后才能上机，以提高上机效率。初学者切忌不编程序或抄别人程序去上机，应从一开始就养成严谨的科学作风。
（4）对运行中可能出现的问题事先作出估计，对程序中自己有疑问的地方，应作出记号，以便在上机时给予注意。
（5）准备好调试和运行时所需的数据。

3. 上机实验的步骤

上机实验时应该一人一组，独立上机。上机过程中出现的问题，除了是系统的问题以外，一般应自己独立处理，不要轻易举手问教师。尤其对"出错信息"，应善于自己分析判断。这是学习调试程序的良好机会。

上机实验一般应包括以下几个步骤：
（1）进入C++工作环境（如Visual C++或RHIDE集成环境）。
（2）输入自己所编好的程序。
（3）检查一遍已输入的程序是否有错（包括输入时打错的和编程中的错误），如发现有错，及时改正。
（4）进行编译和连接。如果在编译和连接过程中发现错误，屏幕上会出现"出错信息"，根据提示找到出错位置和原因，加以改正。再进行编译……如此反复直到顺利通过编译和连接为止。

（5）运行程序并分析运行结果是否合理和正确。在运行时要注意当输入不同数据时所得到的结果是否正确。

（6）输出程序清单和运行结果。

4．实验报告

实验后，应整理出实验报告，实验报告应包括以下内容：
（1）题目。
（2）程序清单（计算机打印出的程序清单）。
（3）运行结果（必须是上面程序清单所对应打印输出的结果）。
（4）对运行情况所作的分析以及本次调试程序所取得的经验。如果程序未能通过，应分析其原因。

5．实验内容的安排

课后习题和上机题统一，教师指定的课后习题就是上机题（可以根据习题量的多少和上机时间的长短指定习题的全部或一部分作为上机题）。本书给出 14 个实验内容，每一个实验对应教材中一章的内容，每个实验包括若干个题目，上机时间每次为 2~3 小时。各单位在组织上机实验时可以根据条件做必要的调整，增加或减少某些部分。在实验内容中有"*"的部分是选做的题目，如有时间可以选做这些部分。

学生应在实验前将教师指定的题目编好程序，然后上机输入和调试。

17.2 关于程序的调试和测试

1．程序错误的类型

为了帮助读者调试程序和分析程序，下面简单介绍程序出错的种类。

（1）**语法错误**。即不符合 C++语言的语法规定，例如将 main 错写为 naim，括号不匹配，语句最后漏了分号等，这些都会在编译时被发现并指出。这些都属于"致命错误"，不改正是不能通过编译的。对一些在语法上有轻微毛病但不影响程序运行的错误（如定义了变量但始终未使用），编译时会发出"警告"，虽然程序能通过编译，但不应当使程序"带病工作"，应该将程序中所有导致"错误（error）"和"警告（warning）"的因素都消除，再使程序投入运行。

（2）**逻辑错误**。这是指程序无语法错误，也能正常运行，但是结果不对。例如求 $s=1+2+3+\cdots+100$，有人写出以下语句：

for(s=0，i=1;i<100;i++)
　　sum=sum+i;

语法没有错，但求出的结果是 $1+2+3+\cdots+99$ 之和，而不是 $1+2+3+\cdots+100$ 之和，原因是少执行了一次循环。这类错误可能是设计算法时的错误，也可能是算法正确而在编写程序时出现疏忽所致。这种错误计算机是无法检查出来的。如果是算法有错，则应先修改算法，再改程序。如果是算法正确而程序写得不对，则直接修改程序。

（3）运行错误。有时程序既无语法错误，又无逻辑错误，但程序不能正常运行或结果不对。多数情况是数据不对，包括数据本身不合适以及数据类型不匹配。如有以下程序：

```
int main( )
{int a，b，c;
 cin>>a>>b;
 c=a/b;
 cout<<c<<endl;
 return 0;
}
```

当输入的 b 为非零值时，运行无问题。当输入的 b 为零时，运行时出现"溢出（overflow）"的错误。如果在执行上面的 cin 语句时输入

456.78　34.56↙

则输出 c 的值为 2，显然是不对的。这是由于输入的数据类型与输入格式符不匹配而引起的。

2. 程序的测试

程序调试的任务是排除程序中的错误，使程序能顺利地运行并得到预期的效果。程序的调试阶段不仅要发现和消除语法上的错误，还要发现和消除逻辑错误和运行错误。除了可以利用编译时提示的"出错信息"来发现和改正语法错误外，还可以通过程序的测试来发现逻辑错误和运行错误。

程序的测试的任务是尽力寻找程序中可能存在的错误。在测试时要设想到程序运行时的各种情况，测试在各种情况下的运行结果是否正确。程序测试是程序调试的一个组成部分。

有时程序在某些情况下能正常运行，而在另外一些情况下不能正常运行或得不到正确的结果，因此，一个程序即使通过编译并正常运行而且结果正确，还不能认为程序没有问题了。要考虑是否在任何情况下都能正常运行并且得到正确的结果。测试的任务就是要找出那些不能正常运行的情况和原因。下面通过一个典型的和容易理解的例子来说明测试的概念。

求一元二次方程 $ax^2+bx+c=0$ 的根。

有人根据求根公式 $x_{1,2}=\dfrac{-b\pm\sqrt{b^2-4ac}}{2a}$，编写出以下程序：

```
#include <iostream>
#include <cmath>
```

```
using namespace std;
int main( )
{float a, b, c, disc, x1, x2;
  cin>>a>>b>>c;
  disc=b*b–4*a*c;
  x1=(–b+sqrt(disc))/(2*a);
  x2=(–b–sqrt(disc))/(2*a);
  cout<<"x1="<<x1<<", x2="<<x2<<endl;
  return 0;
}
```

当输入 a，b，c 的值为 1，–2，–15 时，输出 x1 的值为 5，x2 的值为-3。结果是正确无误的。但是若输入 a，b，c 的值为 3，2，4 时，屏幕上出现了出错信息，程序停止运行，原因是此时 b^2-4ac =4-24= –20，小于 0，出现了对负数求平方根的运算，故出错。

因此，此程序只适用于 $b^2-4ac \geq 0$ 的情况。我们不能说上面的程序是错的，而只能说程序对可能出现的情况"考虑不周"，所以不能保证在任何情况下都是正确的。使用这个程序必须满足一定的前提（$b^2-4ac \geq 0$），这样，就给使用程序的人带来不便。人们在输入数据前，必须先算一下，看 b^2-4ac 是否大于或等于 0。

一个程序应能适应各种不同的情况，并且都能正常运行并得到相应的结果。

下面分析一下求方程 $ax^2+bx+c=0$ 的根，有几种情况：

(1) a≠0 时

① $b^2-4ac>0$ 有两个不等的实根：$x_{1,2} = \dfrac{-b \pm \sqrt{b^2-4ac}}{2a}$

② $b^2-4ac=0$ 有两个相等的实根：$x_1=x_2=-\dfrac{b}{2a}$

③ $b^2-4ac<0$ 有两个不等的共轭复根：$x_{1,2} = \dfrac{-b}{2a} \pm \dfrac{\sqrt{b^2-4ac}}{2a}$

(2) $a=0$ 时，方程就变成一元一次的线性方程：bx+c=0

① 当 $b \neq 0$ 时，$x=-\dfrac{c}{b}$

② 当 b=0 时，方程变为 0x+c=0

• 当 c=0 时，x 可以为任何值；

• 当 $c \neq 0$ 时，x 无解。

综合起来，共有 6 种情况：

① $a \neq 0$， $b^2-4ac >0$

② $a \neq 0$， $b^2-4ac =0$

③ $a \neq 0$， $b^2-4ac <0$

④ $a=0$，$b \neq 0$

⑤ $a=0$，$b=0$，$c=0$

⑥ $a=0$，$b=0$，$c \neq 0$

应当分别测试程序在以上 6 种情况下的运行情况,观察它们是否符合要求。为此,应准备 6 组数据。用这 6 组数据去测试程序的"健壮性"。在使用上面这个程序时,显然只有满足①②情况的数据才能使程序正确运行,而输入满足③～⑥情况的数据时,程序出错。这说明程序不"健壮"。为此,应当修改程序,使之能适应以上 6 种情况。可将程序改为:

```
#include <iostream>
#include <cmath>
using namespace std;
int main( )
{float a, b, c, disc, x1, x2, p, q;
 cout<<"input a, b, c:";
 cin>>a>>b>>c;
 if (a==0)
    if (b==0)
      if (c==0)
         cout<<"It is trivial."<<endl;
      else
         cout<<"It is impossible."<<endl;
    else
      {cout<<"It has one solution:"<<endl;
       cout<<"x="<<-c/b<<endl;
      }
 else
    {disc=b*b-4*a*c;
     if (disc>=0)
       if (disc>0)
         {cout<<"It has two real solutions:"<<endl;
          x1=(-b+sqrt(disc))/(2*a);
          x2=(-b-sqrt(disc))/(2*a);
          cout<<"x1="<<x1<<",  x2="<<x2<<endl;
         }
       else
         {cout<<"It has two same real solutions:"<<endl;
          cout<<"x1=x2="<<-b/(2*a)<<endl;
         }
     else
         {cout<<"It has two complex solutions:"<<endl;
          p=-b/(2*a);
          q=sqrt(-disc)/(2*a);
          cout<<"x1="<<p<<"+"<<q<<"i, x2="<<p<<"-"<<q<<"i"<<endl;
         }
    }
 return 0;
}
```

为了测试程序的"健壮性"，我们准备了 6 组数据：
① 3，4，1 ② 1，2，1 ③ 4，2，1 ④ 0，3，4 ⑤ 0，0，0 ⑥ 0，0，5
分别用这 6 组数据作为输入的 a，b，c 的值，得到以下的运行结果：

① input a, b, c: 3 4 1↙
It has two real solutions:
x1=−0.33, x2=−1

② input a, b, c: 1 2 1↙
It has two same real solutions:
x1=x2=−1

③ input a, b, c: 4 2 1↙
It has two complex solutions:
x1=−0.25+0.43i, x2=−0.25−0.43i

④ input a, b, c: 0 3 4↙
It has one solution:
x=−1.33

⑤ input a, b, c: 0 0 0↙
It is trivial.

⑥ input a, b, c: 0 0 5↙
It is impossible.

经过测试，可以看到程序对任何输入的数据都能正常运行并得到正确的结果。

以上是根据数学知识知道输入数据有 6 种方案。但在有些情况下，并没有现成的数学公式作为依据，例如一个商品管理程序，要求对各种不同的检索作出相应的反应。如果程序包含多条路径（如由 if 语句形成的分支），则应当设计多组测试数据，使程序中每一条路径都有机会执行，观察其运行是否正常。

以上就是程序测试的初步知识。测试的关键是正确地准备测试数据。如果只准备 4 组测试数据，程序都能正常运行，仍然不能认为此程序已无问题。只有将程序运行时所有的可能情况都作过测试，才能作出判断。

测试的目的是检查程序有无"漏洞"。对于一个简单的程序，要找出其运行时全部可能执行到的路径，并正确地准备数据并不困难。但是如果需要测试一个复杂的大程序，要找到全部可能的路径并准备出所需的测试数据并非易事。例如，有两个非嵌套的 if 语句，每个 if 语句有两个分支，它们所形成的路径数目为 2×2=4。如果一个程序包含 100 个 if 语句，则可能的路径数目为 2^{100}=1.267651×10^{30}，要测试每一条路径几乎是不可能的。实际上进行测试的只是其中一部分（执行几率最高的部分）。因此，经过测试的程序一般还不能轻易宣布为"没有问题"，只能说"经过测试的部分无问题"。正如检查身体一样，经过内科、外科、眼科、五官科……各科例行检查后，不能宣布被检查者"没有任何病症"，他有可能有隐蔽的、不易查出的病症。所以医院的诊断书一般写为"未发现异常"，而不能写"此人身体无任何问题"。

读者应当了解测试的目的，学会组织测试数据，并根据测试的结果修改完善程序。

第 18 章

实验内容与安排

18.1 实验 1　C++程序的运行环境和运行一个 C++程序的方法

1．实验目的

（1）了解所用的计算机系统的基本操作方法，学会独立使用该系统。
（2）了解在该系统上如何编辑、编译、连接和运行一个 C 程序。
（3）通过运行简单的 C++程序，初步了解 C++源程序的结构和特点。
应学会在一种以上的编译环境下运行 C++的程序，建议学习并掌握 Visual C++ 2010。

2．实验内容和步骤

（1）检查所用的计算机系统是否已安装了 Visual Studio 2010（或 2008）集成环境，并确定它所在的子目录。
（2）在 Visual Studio 2010 环境下运行一个 C++程序。
① 按照本书第 15 章介绍的方法先建立一个新项目。
② 在此项目中新建一个 C++文件。
③ 在此文件中输入以下源程序（第 1 章习题第 8 题）：

```
int main( );
{ int a,b;
  c=a+b;
  cout >> "a+b=" >> a+b;
}
```

④ 对它进行编译和连接。分析显示出来的编译信息。如果有错误，就找错误所在，并修改源程序，重新进行编译，直到生成成功。
⑤ 如果编译没有错误，就执行程序，得到运行结果。分析运行结果是否正确，如果不正确或认为输出格式不理想，可以修改程序，然后重新编译和运行，直到满意为止。

（3）利用已有的源程序建立一个新程序。这样可以利用已有源程序中的有用部分，减少输入的工作量。

把源程序修改为下面的内容（第1章习题第9题）：

```
#include <iostream>
using namespace std;
int main( )
{ int a,b;
   c=add(a,b)
   cout << "a+b=" << c << endl;
   return 0;
}
int add(int x,int y);
{  z = x + y;
   return(z);
}
```

对此新文件进行编译、连接和运行。步骤与前相同。

（4）请考虑：如果有一个C++源程序，存放在某一子目录下，现想对它进行修改，怎样把它调入和修改？能否直接用打开一般文件的方法（双击该文件名），然后编译运行。请试一下。总结出正确的方法。

3．预习内容

（1）《C++程序设计（第3版）》第1章。

（2）本书"第2部分 C++的上机操作"第15章和第16章。

希望大家能在实验中多思考，多给自己提问题，多设想几种可能。做实验时不要满足于验证书本知识。在以后的实验中，请读者自己设计具体的实验步骤，尽可能自己补充增加一些内容，以提高自己的实践能力。

18.2 实验2 数据类型与表达式

1．实验目的

（1）掌握C++语言数据类型，熟悉如何定义变量，以及对它们赋值的方法。
（2）学会使用C++有关算术运算符，以及包含这些运算符的表达式。
（3）进一步熟悉C++程序的结构。
（4）进一步熟悉C++程序的编辑、编译、连接和运行的过程。

2．实验内容和步骤

（1）输入并运行下面的程序：

```
#include <iostream>
using namespace std;
```

```
int main( )
{int a, b;
 char c1, c2;
 cin>>a>>b;
 c1=++a;
 c2=b++;
 cout<<"c1="<<c1<<",  c2="<<c2<<endl;
 return 0;
}
```

在运行时先后分别输入
① 97 97↙
② 97 353↙
③ 40 64↙
④ -212 -216↙

分析所得到的结果，进一步掌握不同类型数据间赋值的规律。
（2）输入并运行下面的程序（第 2 章第 4 题）：
```
#include <iostream>
using namespace std;
int main( )
 {char c1='C', c2='+', c3='+';
  cout<<"I say: \""<<c1<<c2<<c3<<' \ '";
  cout<<"\t\t"<<"He says: \"C++ is very interesting!\""<< ' \n';
  return 0;
 }
```

在上机前先用人工分析程序，写出应得结果，上机后将二者对照分析。
（3）输入第 2 章第 7 题的程序。即
```
#include <iostream>
using namespace std;
int main( )
 {int   i, j, m, n;
   i=8;
   j=10;
   m=++i+j++;
   n=(++i)+(++j)+m;
   cout<<i<<' \t'<<j<<' \t'<<m<<' \t'<<n<<endl;
   return 0;
 }
```

① 运行程序，注意 i, j, m, n 各变量的值。
② 将第 7, 8 行改为
m=i+++j++;

n=（i++）+（j++）+m;

再编译、运行。分析结果。

m=i+++j++;

的含义是：

m=（i++）+（j++）;

为清晰起见，最好在容易令人费解的地方加括号。

③ 再将第 9 行 cout 语句改为

cout<<++i<<'\t'<<++j<<'\t'<<++m<<'\t'<<++n<<endl;

再编译、运行。分析结果。

④ 再将 cout 语句改为

cout<<i++<<'\t'<<j++<<'\t'<<m++<<'\t'<<n++<<endl;

再编译、运行。分析结果。

（4）按第 2 章第 8 题的要求编好程序。

该题的要求是：将"China"译成密码，密码规律是：用原来的字母后面第 4 个字母代替原来的字母。例如，字母 A 后面第 4 个字母是 E，用 E 代替 A。因此，"China"应译为"Glmre"。请编一程序，用赋初值的方法使 c1，c2，c3，c4，c5 这 5 个变量的值分别为'C'、'h'、'i'、'n'、'a'，经过运算，使 c1，c2，c3，c4，c5 分别变为'G'、'l'、'm'、'r'、'e'，并输出。

① 输入事先已编好的程序，并运行该程序。分析是否符合要求。

② 改变 c1，c2，c3，c4，c5 的初值为'T'，'o'，'d'，'a'，'y'，对译码规律作如下补充：W 用 A 代替，X 用 B 代替，Y 用 C 代替，Z 用 D 代替。修改程序并运行。

③ 将译码规律修改为：将一个字母被它前面第 4 个字母代替，例如 E 用 A 代替，Z 用 U 代替，D 用 Z 代替，C 用 Y 代替，B 用 X 代替，A 用 V 代替。修改程序并运行。

3．预习内容

教材第 2 章。

18.3　实验 3　C++程序设计初步

1．实验目的

（1）掌握简单的 C++程序的编写和调试方法。

（2）掌握 C++程序中使用最多的语句——赋值语句和输入输出的使用方法。

（3）掌握结构化程序的 3 种基本结构（顺序结构、选择结构、循环结构）在 C++中的实现。

2．实验内容和步骤

要求事先编好解决下面问题的程序，然后上机输入程序并调试运行程序。

(1) 有一函数：

$$y=\begin{cases} x & x<1 \\ 2x-1 & 1\leqslant x<10 \\ 3x-11 & x\geqslant 10 \end{cases}$$

用 cin 语句输入 x 的值，求 y 值。本题是教材第 3 章第 10 题。

运行程序，输入 x 的值（分别为 $x<1$、$1\sim 10$、$x\geqslant 10$，检查输出的 y 值是否正确。

(2) 一个数如果恰好等于它的因子之和，这个数就称为"完数"。例如，6 的因子为 1，2，3，而 6=1+2+3，因此 6 是"完数"。编程序找出 1000 之内的所有完数，并按下面格式输出其因子：

6，its factors are 1，2，3

要求用两种不同的方法编程，并作比较。本题为第 3 章第 20 题。

(3) 用迭代法求 $x=\sqrt{a}$。求平方根的迭代公式为

$$x_{n+1}=\frac{1}{2}\left(x_n+\frac{a}{x_n}\right)$$

要求前后两次求出的 x 的差的绝对值小于 10^{-5}。本题为第 3 章第 23 题。

在运行时输入不同的数值赋给变量 a，分析所得结果是否正确。如果输入的值为一负数，在运行时会出现什么情况？修改程序使之能处理任何的 a 值。

前后两次求出的 x 的差的绝对值能否改为小于 10^{-10} 或更小？为什么？请试一下。

(4) 要求输出以下图案。

```
   *
  ***
 *****
*******
 *****
  ***
   *
```

(本题为第 3 章第 24 题)

在运行程序得到正确结果后，请修改程序，以输出以下图案：

```
      *
     ***
    *****
   *******
    *****
     ***
      *
```

(5) 两个乒乓球队进行比赛，各出 3 人。甲队为 A，B，C 3 人，乙队为 X，Y，Z 3 人。已抽签决定比赛名单。有人向队员打听比赛的名单，A 说他不和 X 比，C 说他不和 X，Z 比，请编程序找出 3 对赛手的名单。本题为第 3 章第 25 题。

3．预习内容

教材第 3 章。

18.4 实验 4 函数与预处理

1．实验目的

（1）熟悉定义函数的方法、函数实参与形参的对应关系以及"值传递"的方式。
（2）熟悉函数的嵌套调用和递归调用的方法。
（3）熟悉全局变量、局部变量概念和使用方法。
（4）熟悉编译预处理的应用。
（5）掌握多文件的程序的编译和运行的方法。

2．实验内容

事先编好程序，上机调试运行之。

（1）写一个判别素数的函数，在主函数输入一个整数，输出是否为素数的信息（本题是教材第 4 章第 3 题）。

本程序应当准备以下测试数据：17，34，2，1，0。分别运行并检查结果是否正确。

（2）写一个函数验证哥德巴赫猜想，一个不小于 6 的偶数可以表示为两个素数之和，如 6=3+3，8=3+5，10=3+7……在主函数中输入一个不小于 6 的偶数 n，然后调用函数 gotbaha，在 gotbaha 函数中再调用 prime 函数，prime 函数的作用是判别一个数是否为素数。在 gotbaha 函数中输出以下形式的结果：

$$34=3+31$$

运行时输入该偶数的值为 6，12，20，458，分析运行结果。如果输入 2，4，会出现什么情况？修改程序，使之能输出相应的信息。

（3）解 Hanoi（汉诺）塔问题。古代有一个梵塔，塔内有 3 个座 A，B，C，开始时 A 座上有 64 个盘子，盘子大小不等，大的在下，小的在上。有一个老和尚想把这 64 个盘子从 A 座移到 C 座，但每次只允许移动一个盘，且在移动过程中在 3 个座上都始终保持大盘在下，小盘在上。在移动过程中可以利用 B 座，要求编程序打印出移动的步骤。本题是教材第 4 章第 9 题。

在运行时分别指定盘子数为 3，5，7。并统计在不同盘子数的情况下，移动盘子多少次。请试一下如果盘子数为 16，在你所用的计算机上要运行多少时间。设想一下，如果盘子数为 64，会出现什么情况。

（4）输入一个字母字符，设置条件编译，使之能根据需要将小写字母改为大写字母输出，或将大写字母改为小写字母输出。本题是教材第 4 章第 14 题。

（5）求 $a×b$ 和 a^m 的值，其中 b 的值在程序中给出，a 和 m 的值由键盘输入，写一个 power 函数求 a^m 的值，在主函数中求 $a×b$，并调用 power 函数得到 a^m 的值。要求将主函数和 power 函数分别写成两个文件 file1.cpp 和 file2.cpp，用 extern 将外部变量的作用域扩展到其他文件。建立一个项目文件，包含 file1.cpp 和 file2.cpp，按照本书第 2 部分中介绍的对包含多文件的程序的处理方法，对包含多文件的程序进行编译、连接和运行。本题是教材第 4 章第 16 题。

通过这个简单的程序，初步掌握处理包含多文件的程序的方法。

3．预习内容

教材第 4 章。
本书第 2 部分中对多文件程序进行编译、连接和运行的处理的部分。

18.5　实验 5　数组

1．实验目的

（1）掌握一维数组和二维数组的定义、赋值和输入输出的方法。
（2）掌握字符数组和字符串函数的使用。
（3）掌握与数组有关的算法（特别是排序算法）。

2．实验内容

编程序并上机调试运行。

（1）用选择法对 10 个整数排序。10 个整数用 cin 输入。本题是教材第 5 章第 2 题。将选择法排序与起泡法比较，分析它们的特点和效率。

（2）有 15 个数按由大到小的顺序存放在一个数组中，输入一个数，要求用折半查找法找出该数是数组中第几个元素的值。如果该数不在数组中，则输出"无此数"。以 15 个数用赋初值的方法在程序中给出。要找的数用 scanf 函数输入。本题是教材第 5 章第 8 题。

（3）编一程序，将两个字符串连接起来，结果取代第一个字符串。
① 用字符数组，不用 strcat 函数（即自己写一个具有 strcat 函数功能的函数）。
② 用 C 标准库中的 strcat 函数。
③ 用 string 方法定义字符串变量。
对这 3 种方法进行比较。本题是教材第 5 章第 13 题。

（4）输入 10 个学生的姓名、学号和成绩，将其中不及格者的姓名、学号和成绩输出。本题是教材第 5 章第 17 题。

（5）找出一个 4 行 5 列的二维数组的"鞍点"，即该位置上的元素在该行上最大，在该列上最小。也可能没有鞍点。本题是教材第 5 章第 7 题。
① 在程序中定义数组时对各元素赋初值；
② 用 cin 从键盘输入数组各元素的值。
应当至少准备两组测试数据：

① 二维数组有鞍点，如

    1   2   3   4   5
    2   4   6   8 10
    3   6   9 12 16
    4   8 12 16 20

② 二维数组没有鞍点，如

    1 12   3   4   5
    2   4 16   8 10
    3   6   8 12 15
    4   8 12 16 20

检查结果是否正确。显然用 cin 从键盘输入数组各元素的值比较灵活，可以根据需要输入不同的数据。

3．预习内容

教材第 5 章。

18.6　实验 6　指针

1．实验目的

（1）通过实验进一步掌握指针的概念，会定义和使用指针变量。

（2）能正确使用数组的指针和指向数组的指针变量。

（3）能正确使用字符串的指针和指向字符串的指针变量。

（4）能正确使用引用型变量。

2．实验内容

编程序并上机调试运行程序（要求用指针或引用处理）。

（1）输入 3 个整数，按由小到大的顺序输出。编译一个函数，用指针变量作为参数（本题是教材第 6 章第 1 题）。

（2）在上题基础上将程序改为：输入 3 个字符串，按由小到大顺序输出。本题是教材第 6 章第 2 题。

（3）用引用变量作为形参，实现 3 个整数由小到大输出。

（4）有 n 个人围成一圈，顺序排号。从第 1 个人开始报数（从 1～3 报数），凡报到 3 的人退出圈子，问最后留下人原来排在第几号。本题是教材第 6 章第 5 题。

（5）在主函数中输入 10 个等长的字符串。用另一函数对它们排序。然后在主函数输出这 10 个已排好序的字符串。

要求用以下方法编程：

① 指向一维数组的指针作函数参数；

② 用 string 数组方法。

3. 预习内容

教材第 6 章。

18.7 实验 7 自定义数据类型

1. 实验目的

（1）掌握结构体类型变量的定义和使用。
（2）掌握结构体类型数组的概念和应用。
（3）了解链表的概念，初步学会对简单链表进行操作。

2. 实验内容

编程序，然后上机调试运行。

（1）定义一个结构体变量（包括年、月、日），编程序，要求输入年、月、日，程序能计算并输出该日在本年中是第几天。注意闰年问题。本题是教材第 7 章第 1 题。

（2）编写一个函数 print，打印一个学生的成绩数组，该数组中有 5 个学生的数据，每个学生的数据包括 num（学号），name（姓名），score[3]（3 门课的成绩）。用主函数输入这些数据，用 print 函数输出这些数据。本题是教材第 7 章第 3 题。

（3）有 10 个学生，每个学生的数据包括学号、姓名、3 门课的成绩，从键盘输入 10 个学生数据，要求打印出 3 门课总平均成绩，以及最高分的学生的数据（包括学号、姓名、3 门课的成绩、平均分数）（本题是教材第 7 章第 5 题）。

要求用一个 cin 语句输入 5 个学生数据；用一个 average 函数求总平均分；用 max 函数找出最高分学生数据；总平均分和最高分的学生的数据都在主函数中输出。

*（4）建立单向动态链表，并对它进行插入、删除和输出等操作。包括以下任务：

① 写一个函数 creat，用来建立一个动态链表。各结点的数据由键盘输入。
② 写一个函数 print，将上题建立的链表中各结点的数据依次输出。
③ 写一个函数 del，用来删除动态链表中一个指定的结点（由实参指定某一学号，表示要删除该学生结点）。
④ 写一个函数 insert，用来向动态链表插入一个结点。
⑤ 将以上 4 个函数组成一个程序，由主程序先后调用这些函数，实现链表的建立、输出、删除和插入，在主程序中指定需要删除和插入的结点。见教材第 7 章第 6 题～第 10 题。

请分别：

① 用一个文件包含这些函数；
② 把每个函数作为一个文件，然后把它们放在一个项目文件中处理。

3．预习内容

教材第 7 章。

有关链表的知识可参考本书第 1 部分第 7 章的最后部分。

18.8　实验 8　类和对象（一）

1．实验目的

（1）掌握声明类的方法，类和类的成员的概念以及定义对象的方法。
（2）初步掌握用类和对象编制基于对象的程序。
（3）学习检查和调试基于对象的程序。

2．实验内容

（1）有以下程序：

```
#include <iostream>
using namespace std;
class Time                                  //定义 Time 类
  {public:                                  //数据成员为公用的
    int hour;
    int minute;
    int sec;
  };
int main( )
  { Time t1;                                //定义 t1 为 Time 类对象
    cin>>t1.hour;                           //输入设定的时间
    cin>>t1.minute;
    cin>>t1.sec;
    cout<<t1.hour<<":"<<t1.minute<<":"<<t1.sec<<endl;   //输出时间
    return 0;
  }
```

改写程序，要求：
① 将数据成员改为私有的；
② 将输入和输出的功能改为由成员函数实现；
③ 在类体内定义成员函数。

然后编译和运行程序。请分析什么成员应指定为公用的？什么成员应指定为私有的？什么函数最好放在类中定义？什么函数最好在类外定义？本题是教材第8章第2题。

（2）分别给出如下的 3 个文件：
① 含类定义的头文件 student.h。

```
//student.h                          (这是头文件，在此文件中进行类的声明)
class Student                        //类声明
    { public:
        void display( );             //公用成员函数原型声明
      private:
        int num;
        char name[20];
        char sex ;
    };
```

② 包含成员函数定义的源文件 student.cpp。

```
//student.cpp                        在此文件中进行函数的定义
#include <iostream>
#include "student.h"                  //不要漏写此行，否则编译通不过
void Student::display( )              //在类外定义 display 类函数
    {cout<<"num:"<<num<<endl;
     cout<<"name:"<<name<<endl;
     cout<<"sex:"<<sex<<endl;
    }
```

③ 包含主函数的源文件 main.cpp。

为了组成一个完整的源程序，应当有包括主函数的源文件：

```
//main.cpp                           主函数模块
#include <iostream>
#include "student.h"                  //将类声明头文件包含进来
int main( )
{Student stud;                        //定义对象
 stud.display( );                     //执行 stud 对象的 display 函数
 return 0;
}
```

请完善该程序，在类中增加一个对数据成员赋初值的成员函数 set_value。上机调试并运行。本题是教材第 8 章第 4 题。

（3）需要求 3 个长方柱的体积，请编一个基于对象的程序。数据成员包括 length（长）、width（宽）、height（高）。要求用成员函数实现以下功能：

① 由键盘分别输入 3 个长方柱的长、宽、高；
② 计算长方柱的体积；
③ 输出 3 个长方柱的体积。

请编程序，上机调试并运行。本题是教材第 8 章第 6 题。

3．预习内容

教材第 8 章。

18.9　实验 9　类和对象（二）

1．实验目的

（1）进一步加深对类和对象的理解。
（2）掌握类的构造函数和析构函数的概念和使用方法。
（3）掌握对象数组、对象的指针及其使用方法。
（4）掌握友元的概念和使用。
（5）了解类模板的使用方法。

2．实验内容

（1）有以下程序：

```
#include <iostream.h>
class Student
  {public:
     Student(int n，float s):num(n)，score(s){ }
     void change(int n，float s){num=n;score=s;}
     void display( ){cout<<num<<" "<<score<<endl;}
   private:
     int num;
     float score;
  };
void main( )
{Student stud(101，78.5);
 stud.display( );
 stud.change(101，80.5);
 stud.display( );
}
```

① 阅读此程序，分析其执行过程，然后上机运行，对比输出结果。本题是教材第 9 章第 6 题。

② 修改上面的程序，增加一个 fun 函数，改写 main 函数。在 main 函数中调用 fun 函数，在 fun 函数中调用 change 和 display 函数。在 fun 函数中使用对象的引用（Student &）作为形参。本题是教材第 9 章第 8 题。

（2）商店销售某一商品，商店每天公布统一的折扣（discount）。同时允许销售人员在销售时灵活掌握售价（price），在此基础上，对一次购 10 件以上者，还可以享受 9.8 折优惠。现已知当天 3 个销货员销售情况为

销货员号（num）	销货件数（quantity）	销货单价（price）
101	5	23.5

102	12	24.56
103	100	21.5

请编程序，计算出当日此商品的总销售款 sum 以及每件商品的平均售价。要求用静态数据成员和静态成员函数。本题是教材第 9 章第 9 题。

提示：将折扣 discount，总销售款 sum 和商品销售总件数 n 声明为静态数据成员，再定义静态成员函数 average（求平均售价）和 display（输出结果）。

(3) 有以下程序（这是教材第 9 章例 9.13 的程序）：

```cpp
#include <iostream>
using namespace std;
class Date;                              //对 Date 类的提前引用声明
class Time                               //定义 Time 类
  {public:
    Time(int, int, int);
    void display(Date &);                //display 是成员函数，形参是 Date 类对象的引用
   private:
    int hour;
    int minute;
    int sec;
};
  class Date                             //声明 Date 类
  {public:
    Date(int, int, int);
    friend void Time::display(Date &);   //声明 Time 中的 display 函数为友元成员函数
   private:
    int month;
    int day;
    int year;
};
Time::Time(int h, int m, int s)          //类 Time 的构造函数
  {hour=h;
  minute=m;
   sec=s;
  }
void Time::display(Date &d)              //display 的作用是输出年、月、日和时、分、秒
  {cout<<d.month<<"/"<<d.day<<"/"<<d.year<<endl;
                                         //引用 Date 类对象中的私有数据
   cout<<hour<<":"<<minute<<":"<<sec<<endl; //引用本类对象中的私有数据
  }
Date::Date(int m, int d, int y)          //类 Date 的构造函数
  {month=m;
   day=d;
   year=y;
  }
```

```
int main( )
{Time t1(10, 13, 56);                         //定义 Time 类对象 t1
 Date d1(12, 25, 2004);                       //定义 Date 类对象 d1
 t1.display(d1);                              //调用 t1 中的 display 函数，实参是 Date 类对象 d1
 return 0;
}
```

请读者分析和运行此程序，注意友元函数 Time::display 的作用。将程序中的 display 函数不放在 Time 类中，而作为类外的普通函数，然后分别在 Time 和 Date 类中将 display 声明为友元函数。在主函数中调用 display 函数，display 函数分别引用 Time 和 Date 两个类的对象的私有数据，输出年、月、日和时、分、秒。本题是教材第 9 章第 10 题。

修改后上机调试和运行。

（4）有以下使用类模板程序（这是教材第 9 章例 9.14 的程序）：

```
#include <iostream>
using namespace std;
template<class numtype>                       //定义类模板
class Compare
  {public:
    Compare(numtype a, numtype b)
      {x=a;y=b;}
    numtype max( )
      {return (x>y)?x:y;}
    numtype min( )
      {return (x<y)?x:y;}
   private:
     numtype x, y;
  };
int main( )
{Compare<int> cmp1(3, 7);                     //定义对象 cmp1，用于两个整数的比较
 cout<<cmp1.max( )<<" is the Maximum of two integer numbers."<<endl;
 cout<<cmp1.min( )<<" is the Minimum of two integer numbers."<<endl<<endl;
 Compare<float> cmp2(45.78, 93.6);            //定义对象 cmp2，用于两个浮点数的比较
 cout<<cmp2.max( )<<" is the Maximum of two float numbers."<<endl;
 cout<<cmp2.min( )<<" is the Minimum of two float numbers."<<endl<<endl;
 Compare<char> cmp3('a', 'A');                //定义对象 cmp3，用于两个字符的比较
 cout<<cmp3.max( )<<" is the Maximum of two characters."<<endl;
 cout<<cmp3.min( )<<" is the Minimum of two characters."<<endl;
 return 0;
}
```

① 运行此程序，体会类模板的作用。
② 将它改写为在类模板外定义各成员函数。

3．预习内容

教材第 9 章。

18.10　实验 10　运算符重载

1．实验目的

（1）进一步了解运算符重载的概念和使用方法。
（2）掌握几种常用的运算符重载的方法。
（3）了解转换构造函数的使用方法。
（4）了解在 Visual C++6.0 环境下进行运算符重载要注意的问题。

2．实验内容

事先编写好程序，上机调试和运行程序，分析结果。

（1）声明一个复数类 Complex，重载运算符"+"、"-"、"*"、"/"，使之能用于复数的加、减、乘、除，运算符重载函数作为 Complex 类的成员函数。编程序，分别求两个复数之和、差、积和商。本题是教材第 10 章第 2 题。

请思考：你编的程序能否用于一个整数与一个复数的算术运算？如 4+（5-2i）。

（2）声明一个复数类 Complex，重载运算符"+"，使之能用于复数的加法运算。参加运算的两个运算量可以都是类对象，也可以其中有一个是整数，顺序任意。例如，c1+c2，i+c1，c1+i 均合法（设 i 为整数，c1，c2 为复数）。

运行程序，分别求两个复数之和、整数和复数之和。本题是教材第 10 章第 3 题。

（3）有两个矩阵 a 和 b，均为 2 行 3 列。求两个矩阵之和。重载运算符"+"，使之能用于矩阵相加。如 c=a+b。本题是教材第 10 章第 4 题。

（4）声明一个 Teacher（教师）类和一个 Student（学生）类，二者有一部分数据成员是相同的，例如 num（号码），name（姓名），sex（性别）。编写程序，将一个 Student 对象（学生）转换为 Teacher（教师）类，只将以上 3 个相同的数据成员移植过去。可以设想为：一位学生大学毕业了，留校担任教师，他原有的部分数据对现在的教师身份来说仍然是有用的，应当保留并成为其教师的数据的一部分。本题是教材第 10 章第 7 题。

3．预习内容

教材第 10 章。

18.11 实验11 继承与派生

1．实验目的

（1）了解继承在面向对象程序设计中的重要作用。
（2）进一步理解继承与派生的概念。
（3）掌握通过继承派生出一个新的类的方法。
（4）了解虚基类的作用和用法。

2．实验内容

事先编写好程序，上机调试和运行程序，分析结果。

（1）将教材第 11 章例 11.1 的程序片段补充和改写成一个完整、正确的程序，用公用继承方式。在程序中应包括输入数据的函数，在程序运行时输入 num, name, sex, age, addr 的值，程序应输出以上 5 个数据的值。本题是教材第 11 章第 1 题。

（2）将教材第 11 章例 11.3 的程序修改、补充，写成一个完整、正确的程序，用保护继承方式。在程序中应包括输入数据的函数。本题是教材第 11 章第 3 题。

（3）修改上面第（2）题的程序，改为用公用继承方式。上机调试程序，使之能正确运行并得到正确的结果。本题是教材第 11 章第 4 题。

对这两种继承方式作比较分析，考虑在什么情况下二者不能互相代替。

（4）分别声明 Teacher（教师）类和 Cadre（干部）类，采用多重继承方式由这两个类派生出新类 Teacher_Cadre（教师兼干部）。要求：

① 在两个基类中都包含姓名、年龄、性别、地址、电话等数据成员。
② 在 Teacher 类中还包含数据成员 title（职称），在 Cadre 类中还包含数据成员 post（职务）。在 Teacher_Cadre 类中还包含数据成员 wages（工资）。
③ 对两个基类中的姓名、年龄、性别、地址、电话等数据成员用相同的名字，在引用这些数据成员时，指定作用域。
④ 在类体中声明成员函数，在类外定义成员函数。
⑤ 在派生类 Teacher_Cadre 的成员函数 show 中调用 Teacher 类中的 display 函数，输出姓名、年龄、性别、职称、地址、电话，然后再用 cout 语句输出职务与工资。

3．预习内容

教材第 11 章。

18.12　实验 12　多态性与虚函数

1．实验目的

（1）了解多态性的概念。
（2）了解虚函数的作用及使用方法。
（3）了解静态关联和动态关联的概念和用法。
（4）了解纯虚函数和抽象类的概念和用法。

2．实验内容

事先编写好程序，上机调试和运行程序，分析结果。

（1）声明 Point（点）类，由 Point 类派生出 Circle（圆）类，再由 Circle 类派生出 Cylinder（圆柱体）类。将类的定义部分分别作为 3 个头文件，对它们的成员函数的声明部分分别作为 3 个源文件（.cpp 文件），在主函数中用#include 命令把它们包含进来，形成一个完整的程序，并上机运行。本题是教材第 12 章第 1 题。

（2）在教材第 12 章例 12.3 的基础上作以下修改，并作必要的讨论。
① 把构造函数修改为带参数的函数，在建立对象时初始化。
② 先不将析构函数声明为 virtual，在 main 函数中另设一个指向 Circle 类对象的指针变量，使它指向 grad1。运行程序，分析结果。
③ 不作第②点的修改而将析构函数声明为 virtual，运行程序，分析结果。
本题是教材第 12 章第 3 题。

（3）声明抽象基类 Shape，由它派生出 3 个派生类：Circle（圆形）、Rectangle（矩形）、Triangle（三角形），用一个函数 printArea 分别输出以上三者的面积，3 个图形的数据在定义对象时给定。本题是教材第 12 章第 4 题。

3．预习内容

教材第 12 章。

18.13　实验 13　输入输出流

1．实验目的

（1）深入理解 C++的输入输出的含义与其实现方法。
（2）掌握标准输入输出流的应用，包括格式输入输出。
（3）掌握对文件的输入输出操作。

2．实验内容

事先编写好程序，上机调试和运行程序，分析结果。

（1）输入三角形的三边 a，b，c，计算三角形的面积的公式是

$$\text{area}=\sqrt{s(s-a)(s-b)(s-c)}, \quad s=\frac{a+b+c}{2}$$

形成三角形的条件是：$a+b>c$，$b+c>a$，$c+a>b$

编写程序，输入 a，b，c，检查 a，b，c 是否满足以上条件，如不满足，由 cerr 输出有关出错信息。本题是教材第 13 章第 1 题。

（2）从键盘输入一批数值，要求保留 3 位小数，在输出时上下行小数点对齐。

① 用控制符控制输出格式；

② 用流成员函数控制输出格式。

本题是教材第 13 章第 2 题。

（3）建立两个磁盘文件 f1.dat 和 f2.dat，编程序实现以下工作：

① 从键盘输入 20 个整数，分别存放在两个磁盘文件中（每个文件中放 10 个整数）；

② 从 f1.dat 中读入 10 个数，然后存放到 f2.dat 文件原有数据的后面；

③ 从 f2.dat 中读入 20 个整数，将它们按从小到大的顺序存放到 f2.dat（不保留原来的数据）。本题是教材第 13 章第 4 题。

3．预习内容

教材第 13 章。

18.14　实验 14　C++工具

1．实验目的

（1）学会使用 C++的异常处理机制进行程序的调试。

（2）学会使用命名空间解决名字冲突。

2．实验内容

事先编写好程序，上机调试和运行程序，分析结果。

（1）求一元二次方程式 $ax^2+bx+c=0$ 的实根，如果方程没有实根，则利用异常处理机制输出有关警告信息。本题是教材第 14 章第 1 题。

（2）学校的人事部门保存了有关学生的部分数据（学号、姓名、年龄、住址），教务部门也保存了学生的另外一些数据（学号、姓名、性别、成绩），两个部门分别编写了本部门的学生数据管理程序，其中都用了 Student 作为类名。现在要求在全校的学生数据管理程序中调用这两个部门的学生数据，分别输出两种内容的学生数据。要求用 ANSI

C++编程，使用命名空间。本题是教材第 14 章第 3 题。

3．预习内容

教材第 14 章。

参 考 文 献

1. 谭浩强. C++程序设计（第3版）. 北京：清华大学出版社，2015.
2. 谭浩强. C++程序设计题解与上机指导（第2版）. 北京：清华大学出版社，2011.
3. 谭浩强. C程序设计（第四版）. 北京：清华大学出版社，2010.
4. 谭浩强. C程序设计（第四版）学习辅导. 北京：清华大学出版社，2010.